居住空间室内设计

第二版

张越 主编
朱婧 蔡喜凤 副主编

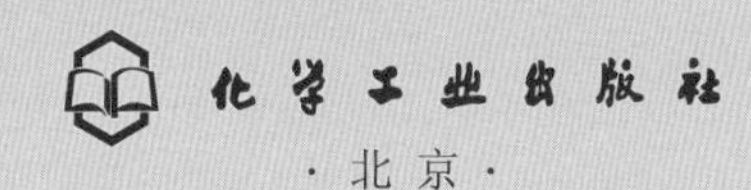

·北京·

内容简介

本书针对建筑室内设计专业教学需要，在课程导论的基础上，通过五部分内容，从理论分析和设计方法研究到实际案例详解，逐步深入，拓展学习者的知识广度和技能。其中，第一至第三章涵盖了居住空间的类型与构成、居住空间中的生活行为与心理需求、居住空间的功能设计等内容；并结合真实项目案例详细解析，让学习者切实体验室内设计师的工作过程，掌握工作内容及方法；第四章对居住空间室内设计的知识、技能、学习方法进行总结与提升。本书附有案例的报价资料和详细的案例分析，读者可扫描书中的二维码查询学习。

本书深入贯彻党的二十大精神与理念，落实立德树人根本任务，注重学习者学习能力、专业知识、职业技能和艺术素养的综合培养，适合高职院校环境艺术设计、建筑室内设计及室内艺术设计等相关专业作为教学用书，也可以作为行业从业人员的技能培训参考用书。

图书在版编目（CIP）数据

居住空间室内设计/张越主编. —2版. —北京：化学工业出版社，2021.7（2024.9重印）
“十二五”职业教育国家规划教材
ISBN 978-7-122-39217-6

Ⅰ. ①居… Ⅱ. ①张… Ⅲ. ①住宅-室内装饰设计-高等职业教育-教材 Ⅳ. ①TU241

中国版本图书馆CIP数据核字（2021）第096983号

责任编辑：李彦玲　　文字编辑：吴江玲
责任校对：张雨彤　　装帧设计：王晓宇

出版发行：化学工业出版社（北京市东城区青年湖南街13号　邮政编码100011）
印　　装：河北鑫兆源印刷有限公司
787mm×1092mm　1/16　印张10　字数250千字　2024年9月北京第2版第6次印刷

购书咨询：010-64518888　　售后服务：010-64518899
网　　址：http://www.cip.com.cn
凡购买本书，如有缺损质量问题，本社销售中心负责调换。

定　　价：49.80元

前言

随着信息化时代的到来，未来社会对室内设计人员素质的要求将进一步提高。设计师不但要有深厚的专业理论功底和丰富的实践经验，更需要有开阔的设计思路。建筑室内设计专业的学生只有亲身参与室内设计的实践，才能体会到室内设计工作与其他学科知识的联系，才能感悟到艺术与科学技术、地域文化、社会发展、历史文脉中蕴含的文化知识、人文精神的关系。

学习能力是人的一项重要能力。学习能力主要包括有效的学习方法和良好的学习习惯两个方面。有效的方法用多了、用熟了，就会自然成为良好的习惯。作为教师，最重要的使命之一就是让学生把有效的学习方法学到手，并养成良好的学习习惯。因此，无论是居住空间室内设计理论知识的学习，还是居住空间室内设计项目工程的讲解，我们都尽可能引导学生理清一种思路、掌握一种方法，给学生创造一个培养设计意识的良好的学习环境氛围，调动学生的学习热情。因人而异、因材施教，使学生达到最佳的学习效果。

教师可以根据学校和学生的特点，与学生一起开发和利用相应的教学资源作为辅助教材，并以此设计及实施富有特色的、与学生生活有密切联系的教学活动，做到既传授“必需、够用”的专业知识，又培养“能说、会做”的职业能力。

党的二十大报告从“强化现代化建设人才支撑”的高度，对“办好人民满意的教育”做出了专门部署，为推动教育改革发展指明了方向。习近平总书记强调，素质教育是教育的核心，教育要注重以人为本、因材施教，注重学用相长、知行合一。在此理念的指导下，本书注重理论知识传授与职业能力培养相互协调，以“优化基础，注重素质，强化应用，突出能力”为指导思想，以案例教学为教学模式；突出体现建筑室内设计专业教育的目的不仅仅是“教”，重点是引导学生“学”；特别注意学生的实践体验，让他们了解室内设计师的工作内容、工作过程和工作方法，知道室内设计师应该具备的专业及文化知识、职业素质及职业技能，为他们的可持续发展奠定坚实的基础。

在编写过程中，我们还充分研究了高等职业教育教材的适应性要求。一是要考虑高职学生的心理特点和学习能力，即学生的接收状态与接受能力。二是要考虑教材必须适合教育对象使用，即高等职业教育教材应具有行业特色和职业特点，满足学生对专业知识与技能的全面认识与了解，学习与领会。简言之，就是把具有使用价值的学习材料与学生的积极主动性相结合。

本书由张越任主编，朱婧、蔡喜凤任副主编，胡小雨、董雅娜参编。张越负责本书的架构以及第一章、第三章、第四章的内容编写，朱婧负责第二章、第五章的内容编写，蔡喜凤负责扫码阅读的电子版案例资源的编写和整理，胡小雨、董雅娜负责本书插图的收集、绘制和整理。

本书第三章的案例图片由沈阳山石空间设计咨询有限公司提供，第四章的实际项目案例由沈阳杨婷装饰设计有限公司、沈阳点石装饰工程有限公司提供，随书附带的电子版案例由广州爱空间（广东爱分享建筑装饰有限公司）提供，在此表示感谢。

在本书的编写过程中，得到沈阳市建筑装饰协会专家、辽宁省装饰工程总公司高级工程师王伟（国家一级建造师、造价师）和沈阳建筑装饰装修有限公司总工程师王迅（国家一级建造师、造价师）的帮助，以及沈阳丰美广告传媒有限公司冯晓霞女士的大力支持。他们对本书的编写给予了很好的意见和建议，在此表示感谢。

本书配有丰富的案例资源，读者可以扫描书中提供的二维码详细学习国内知名设计公司的成功案例。由于笔者水平有限，书中难免有疏漏和不妥之处，敬请广大读者批评指正。

编者

目录

第五章 居住空间室内设计学习要求

参考文献

INTERIOR DESIGN OF
LIVING
SPACE

居住空间室内设计

导论

一、课程性质与作用

“居住空间室内设计”是建筑室内设计专业的核心课程，其中的知识和技能与室内装饰装修行业职业岗位的工作内容相对应，即学习如何根据建筑物的使用性质、所处环境和相应标准，运用物质技术手段和建筑美学原理，创造功能合理、舒适优美、能满足人们物质和精神生活需要的室内空间环境，并使得这一空间环境既具有使用价值，满足相应的使用功能要求，同时也反映历史文脉、建筑风格、室内艺术气氛等精神因素。

通过本课程的学习，学生能够：

① 掌握一定的室内设计理论知识，了解室内设计师在“居住空间室内设计”装饰装修工程中的完整工作内容、工作过程和工作方法；

② 具备较好的设计能力和表现能力，成为了解室内设计装修工程的预算、施工管理等方面知识的专业人才；

③ 明确自己的社会责任感和公共意识，更多地思考如何通过设计活动取得良好的社会效益和经济效益。

二、课程内容与任务

“居住空间室内设计”要建立以专题设计课为主的核心课程体系，形成以培养基本的设计思维与良好的设计表现为核心的设计教育思想；将并列课程通过以工程项目课程为主线叠加起来，将过去的单元课，例如手绘效果图、专题空间设计、室内设计制图、室内设计施工图绘制、室内设计效果图制作、室内设计材料选择与应用、室内工程概预算等课程，整合和优化融合在工程项目课程中；改变以往单元式的分散教学，采用项目导向、多单元内容并行的方式，科学地将专业课程进行有机组合。这也与国家职业资格证书的标准和要求相呼应，与装饰装修行业职业岗位的要求相吻合，为学生将来踏上工作岗位奠定比较坚实的基础。

“居住空间室内设计”是一门理论性与实践性都很强的课程，必须做到教、学、做相结合。学生需要多次参与或独立完成“居住空间室内设计”装饰装修工程的完整工作内容。因此，可以根据设计工作规律，结合实际教学，把一些工程项目由浅入深地、分阶段地融合在教学过程中。

三、教学目标与要求

居住空间室内设计是建立在人与居住空间相互作用的基础之上的。居住空间设计得如何，对满足人的生理需要、对人的生活行为和身心健康有很大影响。因为人一生中的大部分时间是在居住空间中度过的。居住空间室内设计的目的是为了创造功能完备和环境优美的居住空间。而为了达成这一目标，我们必须对所设计的居住空间的性质特征有一个全面的了解，否则即使我们掌握了设计的基本知识和技能，进行创作时也会无的放矢。

建筑室内设计专业是一个综合性、多学科交叉的边缘性学科，这对居住空间室内设计师应具有的知识和素养提出了比较高的要求。我们希望通过本课程的学习，学生能达成以下目标。

① 具备一定的室内空间想象力和设计能力。特别要掌握对居住空间的功能分析、平面布局、空间组织、造型设计的必要知识，对总体空间环境艺术、建筑艺术有较深的理解。

② 具备建筑结构与构造、施工技术与装饰材料、建筑与室内装修技术等方面的必要知识，了解一定的声、光、热等建筑物理及给排水、强弱电、采暖、通风、消防等建筑设备等方面的知识。

③ 掌握居住行为学、环境心理学、人体工程学等学科知识在居住空间室内设计中的应用，养成认真细致、一丝不苟的工作作风。

④ 通过工程项目案例分析，了解室内设计师必须要有的知识结构和综合素质。同时，掌握居住空间室内设计的构思过程、设计程序与方法。

⑤ 具有较好的艺术素养和设计表达能力，对历史传统、人文民俗、乡土风情等有一定的了解。

⑥ 熟悉有关建筑和室内设计的规章和法规。

⑦ 了解与掌握居住空间室内设计的学习特点与学习方法。

居住空间室内设计的工作性质决定了室内设计师职业的工作内容。居住空间是艺术化了的物质环境，设计这种居住空间环境必然要了解它作为物质产品的构成技术。同时，也要懂得它作为空间艺术品的创作规律。

四、教学方法

遵循学生职业能力培养的基本规律，以真实工作任务及其工作过程为依据，做好下述两方面的工作：整合、序化教学内容，科学设计学习性工作任务；教、学、做相结合，理论与实践一体化，合理设计实训、实习等教学环节。

大力推行项目教学、模块教学、实训和实习基地现场教学等多种教学方法。针对装饰装修行业的特点，把教学地点安排在装饰装修施工现场、装饰材料市场以及承揽实际工程的设计公司等。对于有些教学内容，还可以直接聘请具有丰富实践经验的行业工程技术人员到学校上课，把居住空间室内设计课与社会服务紧密结合起来。这种教学方法的优势表现在：加强实践操作技能的培养训练，提高学生的动手能力；能够让学生体验到装饰装修企业工作人员的工作状态，使学生身临其境，看得见、摸得着、听得懂、画得出，使其学习热情及学习兴趣得到很大提高，大大增强其适应能力，从而收到良好的学习效果。

教学全部应用现代教学手段（多媒体投影和VR虚拟场景体验），充分应用网络资源和多媒体资源库（教学资源库和线上教学平台），以扩大课堂教学的信息量，同时也提升形象思维教与学的效果。在本课程中，案例的图形图像资料比理论和文字更重要，使用多媒体教学方式将软环境、操作演示等重要环节集中在计算机上，提高教学效率和效果。

五、居住空间室内设计师的具体任务和工作流程

一名在正规室内设计公司或装修公司从业的设计师，他的设计工作内容和过程其实是很多的。我们利用一张表来表述一下一名居住空间室内设计师所要承担的任务及其工作流程。

<table>
<tr><th colspan="4">居住空间设计流程</th></tr>
<tr><td colspan="2" rowspan="2">第一阶段
承接项目</td><td colspan="2">项目介绍</td></tr>
<tr><td colspan="2">接受业主委托</td></tr>
<tr><td rowspan="15">第二阶段
方案设计</td><td rowspan="2">交流阶段</td><td colspan="2">了解业主情况</td></tr>
<tr><td colspan="2">业主情况分析</td></tr>
<tr><td rowspan="2">现场勘验</td><td colspan="2">测量户型图</td></tr>
<tr><td colspan="2">土建基本情况分析</td></tr>
<tr><td rowspan="6">设计构思</td><td rowspan="5">整体的设计构思</td><td>设计定位</td></tr>
<tr><td>功能划分</td></tr>
<tr><td>风格设定</td></tr>
<tr><td>材料与技术</td></tr>
<tr><td>预算</td></tr>
<tr><td colspan="2">确定设计表现手段</td></tr>
<tr><td rowspan="3">确定方案
（与客户交流）</td><td colspan="2">总平面布局方案草图</td></tr>
<tr><td colspan="2">各功能空间方案草图</td></tr>
<tr><td colspan="2">方案经多次调整（包括局部）及方案认定</td></tr>
<tr><td rowspan="2">制图阶段
（施工图、效果图）</td><td colspan="2">施工图（制作装修施工图、水电施工图等）</td></tr>
<tr><td colspan="2">绘制计算机效果图</td></tr>
<tr><td rowspan="8">第三阶段
文本制作</td><td>封面</td><td colspan="2">制作文本书的封面</td></tr>
<tr><td rowspan="7">正文</td><td colspan="2">设计说明</td></tr>
<tr><td colspan="2">效果图</td></tr>
<tr><td colspan="2">施工图</td></tr>
<tr><td colspan="2">工期进度表</td></tr>
<tr><td colspan="2">预算</td></tr>
<tr><td colspan="2">合同</td></tr>
<tr><td colspan="2">材料一览表</td></tr>
<tr><td rowspan="4">第四阶段
方案实施</td><td>施工单位的选择</td><td colspan="2">具有技术资质的专业室内装修公司承接该项工程</td></tr>
<tr><td rowspan="2">施工流程</td><td colspan="2">甲乙双方签订合同</td></tr>
<tr><td colspan="2">技术交底</td></tr>
<tr><td>施工管理、后期配饰指导</td><td colspan="2">设计师与公司的工程部一起配合，向客户和施工负责人解答客户和施工人员的疑问，并进行分项技术交底、各工种放样确认、各工种框架确认、饰面收口确认、设备安装确认等，直至工程交工
后期配饰如家具、织物、植物、艺术品选购及摆放指导</td></tr>
<tr><td colspan="2">第五阶段
工程交付</td><td colspan="2">参与项目的分项验收和综合验收，提交竣工图、收取后期服务费、进行竣工后成果摄影和工作总结等</td></tr>
</table>

六、居住空间设计知识分解及教学对应课程

居住空间设计是一个复杂的过程，需要室内设计师与其他技术人员、管理人员共同配合才能顺利完成，同时也需要室内设计师具备良好的职业素质与过硬的技能，而这些是需要室内设计师在学校学习的过程中注重对相关课程知识的积累。下面我们利用一份表来说明，居住空间设计需要的理论知识、实践技能及其在学校的教学当中是如何通过相关课程的设置来实现的。

<table>
<tr><th>项目</th><th colspan="3">理论知识与实践技能</th><th>对应课程</th></tr>
<tr><td rowspan="20">居住空间设计</td><td rowspan="2">室内空间设计理论及相关学科知识</td><td colspan="2">室内设计与人体工程学</td><td>人体工程学</td></tr>
<tr><td colspan="2">室内设计与环境心理学、行为学</td><td>室内设计理论</td></tr>
<tr><td rowspan="6">室内装饰设计及相关的艺术理论</td><td rowspan="3">室内装饰设计</td><td>室内设计与美学法则</td><td>室内设计理论、美学</td></tr>
<tr><td>室内设计与图案</td><td>装饰图案</td></tr>
<tr><td>室内设计与构成艺术</td><td>平面构成、色彩构成、立体构成</td></tr>
<tr><td colspan="2">室内色彩设计</td><td>色彩构成、风景写生</td></tr>
<tr><td colspan="2">室内设计与家具</td><td>室内设计创意、家具设计</td></tr>
<tr><td colspan="2">室内设计与陈设（配饰）</td><td>室内设计创意、室内软装搭配与创意</td></tr>
<tr><td rowspan="3">室内装修设计的有关知识</td><td colspan="2">室内装修的施工预算</td><td>造价概预算</td></tr>
<tr><td colspan="2">室内装修与建筑结构</td><td>施工工艺</td></tr>
<tr><td colspan="2">装饰材料的知识与应用</td><td>装饰材料应用</td></tr>
<tr><td rowspan="3">室内环境设计的有关知识</td><td colspan="2">室内采光与照明设计</td><td>室内设计理论</td></tr>
<tr><td colspan="2">室内设计与室内绿化</td><td>室内植物设计</td></tr>
<tr><td colspan="2">室内设计与生态环境</td><td>室内设计理论</td></tr>
<tr><td rowspan="6">室内设计表现技能</td><td rowspan="4">方案设计</td><td>手绘草图</td><td>室内设计与方案手绘表现、室内透视画法</td></tr>
<tr><td>施工图纸</td><td>CAD设计与表现、室内设计制图</td></tr>
<tr><td>效果图纸</td><td>SketchUp草图大师、3D（三维）+VR设计与表现、PS应用基础</td></tr>
<tr><td>页面设计制作</td><td>PS应用基础</td></tr>
<tr><td rowspan="2">文本制作</td><td>文字录入</td><td rowspan="2">Microsoft Office操作</td></tr>
<tr><td>表格生成</td></tr>
</table>

这些能力的培养是没有先后顺序的，良好的设计能力是这些知识在相互融会贯通之后形成的，它考验的是室内设计师个人的理解能力和素质修养，是室内设计师对美的追求和把握能力，而这些则需要时间的沉淀与经验的积累，需要室内设计师在设计这条道路上不断地探索下去。

INTERIOR DESIGN OF LIVING SPACE

居住空间室内设计

第一章 对居住空间的认识

学习目标

1. 了解居住空间的产生和不同类型。
2. 熟悉居住空间室内设计的发展趋势。
3. 掌握居住空间的构成。

技能目标

通过本章内容的学习，能够从社会发展需求、家庭活动认知等方面深入理解居住空间设计具有的时代性，指导设计工作在正确的方向上开展。

素质目标

树立科学的发展观，培养不断学习、终身发展、适应时代要求的职业精神。

室内设计涉及的范围和知识领域十分复杂、广阔，因此学习室内设计首先应该选择一个适宜的切入点。以居住空间室内设计为切入点是比较恰当的，因为一套居住空间（住宅）的规模一般都比较小，但功能却比较复杂。由于家居生活的丰富性，使居住空间室内环境的功能具有了一定的复杂性，剖析这样一个比较典型的设计过程，不仅可以使我们通过了解或经历一个有一定难度的项目而大受裨益，而且又不至于因规模过大、耗费精力过多而影响学习的兴趣和效果。

实际上，许多杰出的建筑大师都从事过居住空间室内设计。美国建筑师弗兰克·劳埃德·赖特（Frank Lloyd Wright，1867 ~ 1959年），在70多年的建筑生涯中就设计了大量的住宅，著名的考夫曼别墅（Falling Water）已成为后人景仰的“圣地”。可以毫不夸张地说，居住空间的建筑实践对于形成他的创作思想和方法及其建筑哲学有着不可忽视的作用。法国建筑师勒·柯布西耶也是通过居住空间的实验性研究，提出现代建筑的五项原则，为现代建筑语言的发展和完善奠定了基础。美籍德国建筑师密斯·凡·德·罗在居住空间的设计实践中，总结并发展了流动空间的概念。还有后来的埃森曼、文丘里、迈耶等也都在居住空间设计方面留下了不朽之作，更重要的是，他们通过居住空间的设计，阐述了自己的设计思想和研究方法，对于形成其创作风格起到了重要的推动作用。这些足以说明，正是因为居住空间的规模比较小，易于把握，往往成为建筑师们进行实验性研究、探索的突破口。

第一节　居住空间的产生与发展

在远古时代，为了生存的需要，我们的祖先用极其简单的材料和结构，构建起可供人栖息的居所，这也是人类自我创造居住空间的开始。人类通过建筑构造围合出了居住空间，其特征是具有容纳性，为人的活动提供一定的室内空间领域。可以说，居住空间是人类劳动的产物，是人类有序生活组织所需要的物质产品。人们对空间的需要，也是一个从低级到高级、从满足生活上的物质要求到满足心理上的精神需要的发展过程。但是，不论物质或精神上的需求，都要受到当时社会生产力、科学技术水平和经济文化等方面的制约。人们的需要随着社会发展提出不同的要求，居住空间随着时间的变化也相应发生改变，这是一个相互影响、相互联系、相互促进的动态过程。因此，居住空间的内涵、概念也不是一成不变的，而是随着社会经济、科学与文化不断发展的需要进行不断的补充、创新和完善。

居住空间（住宅）是家庭生活的场所，是维持家庭生存的基本条件，也是构成社会生活的基本单位。所有与家庭生活有关的事件，都集中在这个并不算大的空间里。居住空间的功能、类型与家庭结构有着密切的关系，并与组成家庭的成分、家庭主要成员的职业、经济条件有直接关系。

一、居住空间的产生

建筑学家吕思勉先生说：“人类藏身，古有两法，一居树上，一居穴中。”所谓“一居树上”是指原始先民生活于南方温湿地域的一种居住形式。古人利用邻近的两棵大树的主干为支柱，在上面构筑类似窝棚的简陋栖身之地，考古学家称之为“构木为巢”。这种“巢”虽然简陋，但其建立了居住空间的功能意义。一是能遮风避雨，避免强度光照；二是能抵御禽兽的攻击，同时又避开了地面的潮湿。“一居树上”后来演变为“干栏式家居”。“一居穴中”是指我国北方黄土高原地域的原始先民创造的一种“穴居”形式。随着社会的不断发展，这种能遮风避雨、避暑抗寒的洞穴，由“穴居”向坐落于地面的房屋蜕变。到这时就初步完成了具有建筑学意义的居住室内空间（图1-1、图1-2）。

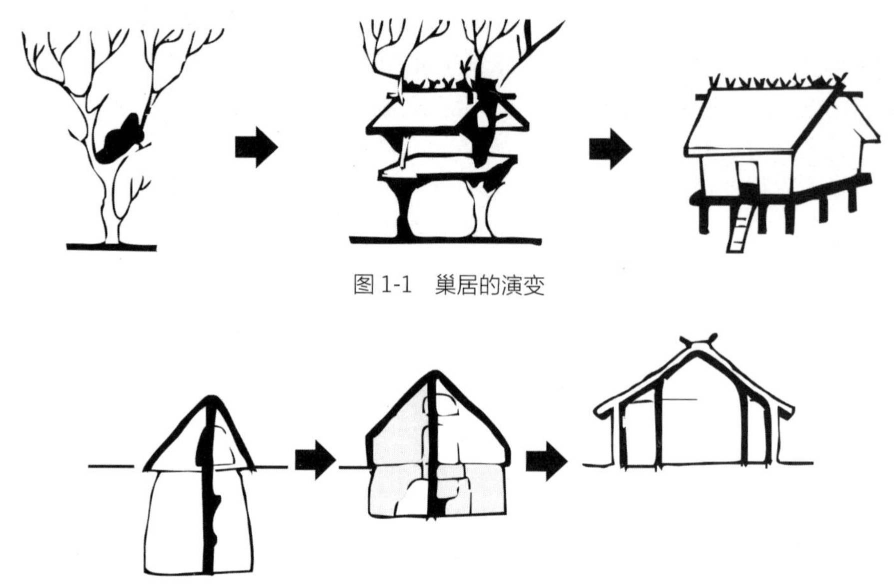

图 1-1　巢居的演变

图 1-2　穴居的演变

从以上的原始先民的居住形式，我们不难看出其功能与形式结合的意义对今天居住空间室内环境设计的影响。“巢居”与“穴居”首先是基于人的生存功能需求，其次是建筑空间的技术文明是在满足生理功能的前提下逐步产生和发展起来的。建筑学家侯幼彬先生说：“这两种充分体现地区性自然特点和文化特征的构筑方式，理所当然地具有很强的生命力。”可以说，这样的建筑方式是中华民族建筑空间发展的渊源。

作为一种独立的建筑类型，居住空间有官方与民间的风格差别。前者如享有封爵的王侯宅第，即王府；后者如民间中下阶层居住的住宅，通称民居。

王府是住宅中特殊的一类，与民居相比，它带有更多的政治性，即具有宗法和礼制的意味，显示着皇帝之下庶民之上层层贵族的尊荣（图1-3）。

民居建造的直接目的在于满足中下阶层人们日常生活起居的实际需要，是“家”的所在。我国是一个多民族的国家。许多民族保持了古老的居住形式，到明清时期仍然没有多大改变。如西南的水族、侗族、傣族、景颇族的干栏式住房；蒙古族、哈萨克族、塔吉克族等采用的帐篷式住房；黄河流域中部地带广泛采取的窑洞住房。即使是木结构的汉族住房，由于南北气候的差异，也有很大的差别。如北方的院落民居、南方的天井民居、岭南客家的集团民居及南方的自由式民居等均有各自的风貌与特色。民居建筑紧密地结合人们日常生活的需要，为此因地制宜、因材致用成为其最突出特点。民居建筑的室内空间布置往往比较灵活自由，富于创造精神，室内装饰更是呈现出丰富多彩的设计风格与地域文化特色（图1-4 ～图1-7）。

图 1-3　王府

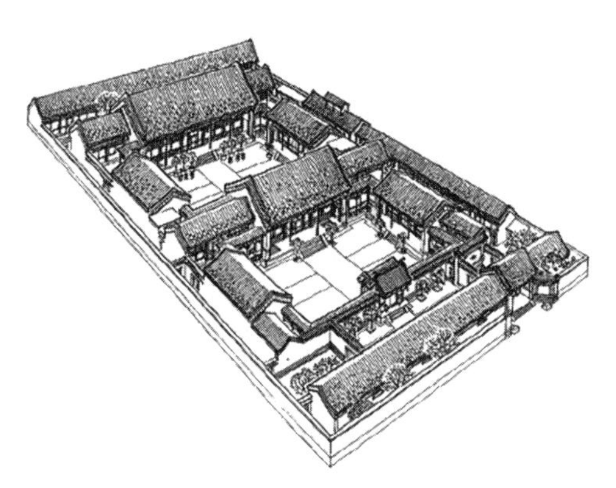

图 1-4　北方的院落民居

图 1-5　南方的天井民居

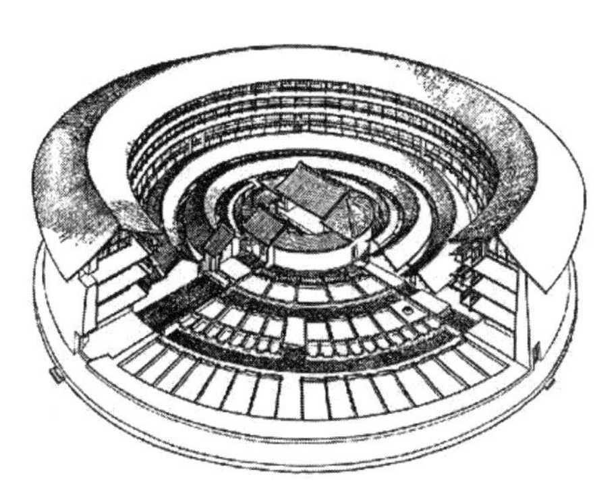

图 1-6　岭南客家民居

图 1-7　南方的自由式民居

民居是我国传统文化的重要载体，旧时的家庭模式、宗法制度、生活方式在民居中都有十分形象的体现，就连春节、元宵节、端午节和中秋节的节庆活动，在传统民居中都有所安排。民居建筑是我国传统建筑与室内装饰中珍贵的文化遗产。

二、居住空间室内设计的沿革

人类的生存与发展，必定要占有空间，必定要去选择、适应、利用环境。在原始社会生产力低的情况下，原始人为避寒御兽，总要寻觅合宜的穴洞。不同地区的原始人类生活方式和社会组织大致相同，建筑也有许多相似之处。最初，人类用土石草木等天然材料建造简易房屋，把自然环境改造成为适于居住的人工环境。逐渐地，人类开始有意识地创造并美化居住环境，并从中积累知识，总结经验，不断更新。现存的用砖石、木材等材料建成的建筑物和用文字记述并流传下来的建筑学著作，都反映了当时建筑技术和艺术方面的成就。

室内设计与建筑设计的关系是十分密切的，它是建筑设计的有机组成部分。可以说，人类有了建筑活动的同时也就有了室内设计。远古时期，人类赖以遮风避雨的居住空间大都是天然山洞、坑穴或者是借自然林木搭起来的“窝棚”。这些天然形成的内部空间毕竟不太舒适。后来，人们逐渐地学会去构思、去创造优良且适宜生存的环境，从而安居乐业。于是，最早的室内设计活动便开始了。

陕西西安半坡村原始社会的房屋，可以说是最原始、最简单的建筑形式。然而，就是在建造这样的房屋时，我们的祖先也没有忽略“室内设计”的问题，总是力求使内部空间具有较大的合理性。考古研究表明，半坡村原始社会的房屋主要有两种：一种平面呈方形，另一种平面呈圆形。方形房屋的内部，有一个圆形的浅坑，是用来煮熟食物和取暖的火塘，其位置靠近门口，为的是加热流向室内的冷空气。圆形房屋的中央，有一道间隔墙，砌于立柱间，把房屋分成前后两部分，前面是火塘，后面是家庭成员休息的地方，门道两侧，也有短隔墙，其主要作用是引导和控制气流，使房屋少受冷空气的影响（图1-8、图1-9）。人类童年时期所做的“设计”显然是简单、幼稚的。不过，从现代观点来看，人类早期作品与后来的某些矫揉造作的设计相比，其单纯、朴实的艺术形象反而有一种魅力，并不时激发起我们创作的灵感。由此可见，室内设计并不是什么新鲜事，它是建筑活动的一部分。人类在进行室内设计方面早已积累了相当丰富的经验。

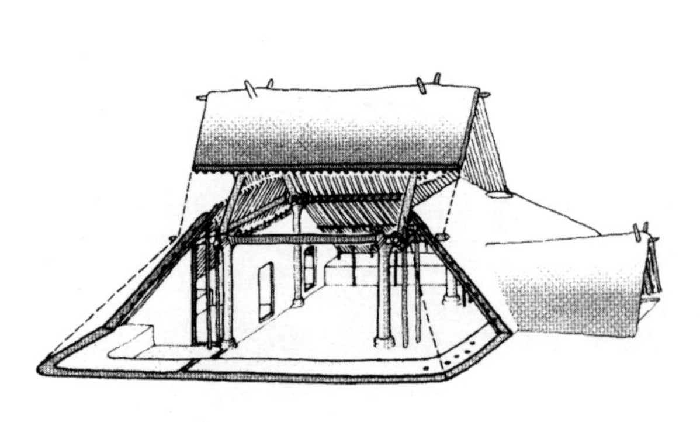

图1-8　陕西西安半坡圆角方形半穴居遗址复原图

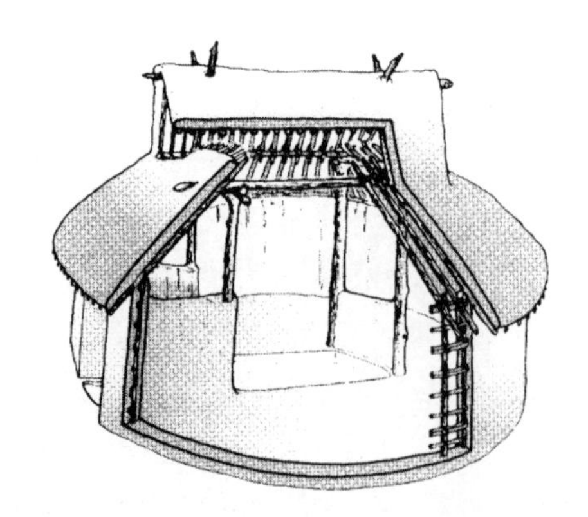

图1-9　陕西西安半坡圆形半穴居遗址复原图

随着社会的不断向前发展，人类改造客观世界的能力在不断地提高，人们对建筑与室内空间的要求也越来越多，建筑与空间室内设计的历史画卷也随之越来越斑斓多彩了。宗教出现后，就需要有进行活动的场所，随即产生了诸如圣殿、寺庙之类的内部空间；有了阶级差别后，便产生了不同等级的居室空间和从事社会活动的场所；人类要进行物质产品的生产与交流，就自然要求有各种各样的从事生产和商业活动的内部空间。但是，人类的活动空间绝不是简单的“容器”，更为抽象的室内空间的“精神功能”问题同时也被提了出来。所谓“精神功能”指的是那些满足人们心理活动的空间内容。人们往往用“空间气氛”“空间格调”“空间情趣”“空间个性”等之类的术语来解释它。实质上，这是一个有助于拓展空间功能、提高艺术质量的问题，也是衡量室内设计质量的重要标准之一。

对于室内设计的历史发展过程，我们大体可分为几个主要阶段来加以研究。

早期，人类解决技术问题的能力和其所拥有的物质财富极为有限。室内设计的成就大多体现在那些供奉偶像或纪念性空间里。历史上遗留下来的大量墓葬和宗教建筑的内部空间，以其不合常理的尺度、震撼人心的规模，体现了那个时期人们的室内设计观念。从感情上讲，对这种崇拜神灵的纪念性室内空间的追求离现代人的观念已十分遥远。但是，从技术与艺术的角度来看，那个时期的室内空间在构造和处理手段上为后来的发展打下了基础。更重要的是，它一开始就体现出室内设计活动中艺术与技术紧密结合的特征。

后来，人生享乐的主张在室内设计活动中开始得到重视。在东方，特别是在封建帝王统治下的我国，宫殿、园林、别墅无不雕梁画栋、华丽异常。西方的文艺复兴虽姗姗来迟，但一些社会财富占有者们也后来居上，大兴土木，把教堂、城堡、宫苑、别墅建造得外部壮观、内部奢华。那个时期的室内空间设计往往追求面面俱到。特别是在眼睛近距离观赏和手足可及之处，无不尽量雕琢。为了炫耀占有的财富、满足感官的舒适，大量昂贵的材料、无价的珍宝、名贵的艺术品等都被带进了室内空间。这类室内工艺作品精致、巧妙，大大地丰富了室内设计的内容，给后人留下了一笔丰厚的艺术遗产。但是，从另一方面看，那些反映统治阶层趣味的、不惜动用大量昂贵材料堆砌而成的、豪华的室内空间，也给后人埋下了一味醉心于装潢而忽视室内空间关系与建筑结构逻辑的病根。

在工业革命到来之前的几百年中，民间的室内设计成就是不可低估的。那些讲求功能、朴实无华的居住空间室内的艺术风格往往比那些百般做作的楼、台、亭、阁要实用得多。问题的关键在于设计师们对空间美的认识不同。居住空间室内的无名设计师们注意到了空间的渗透关系。他们的作品告诉我们：人们的任何生存空间都不是孤立的，合理地、充分地利用空间，提高单位空间容量的效益是创造室内空间的重要原则。他们的作品还告诉我们：生活在地球上的人，不可能脱离自然，过分封闭的室内空间是不能满足人们精神和物质生活需要的，而且是不利于人们生存的。

近年来，随着我国人民生活水平的日渐提高，商品住宅建设迅猛发展。人们对于自身居住空间室内生活环境的品位和质量愈来愈重视。人们逐渐认识到居住空间的设计装修不仅能显示出现代文明对生活环境的改变，也是衡量一个人或家庭认识生活、美化生活的一种基本修养。通过对居住空间室内环境的塑造，能提高生活环境质量和文明水准，从而调动人们某种心理激情，使人在良好的环境中享受富有情趣的生活。一个十分明显的社会现象是，目前居住空间室内设计与装修质量普遍提高，而且人们对这一过程的参与也日渐增多。

现代社会是一个经济、信息、科技、文化等各方面都高速发展的社会，人们对物质生活和精神生活不断提出新的要求，相应地，人们对自身所处的生产、生活的活动场所的质量，也必将提出更高的要求。如何创造出安全、健康、适用、美观，能满足现代居住空间综合要求，具有文化内涵的室内环境，需要我们从理论到实践进行认真学习，钻研和探索这一新兴学科中的规律性及其相关问题。

三、居住空间室内设计的发展趋势

社会总是不断向前发展的，居住空间室内设计也将随着时代的发展、社会的进步、人们审美观念的改变以及建筑业的发展而不断发展和提高，而且每一个时期的设计都形成了符合时代要求的特征和价值取向。在进入21世纪的今天，居住空间室内设计流派纷呈、百花齐放、百家争鸣。所有这些主要体现在居住空间室内设计与自然环境、居住空间室内设计与科学技术、居住空间室内设计与地域文化、居住空间室内设计与经济发展、居住空间室内设计与以人为本的关系上等。尽管如此，如果对其进行一些较为深入的分析，还是可以找出当今居住空间室内设计发展的一些趋势。

1.学科趋于独立，适应社会多元发展

随着我国对外开放形势的发展，世界先进的居住空间室内设计理论、设计理念不断地被引入国内，这将促进我国居住空间室内设计的专业学术理论不断提高。从总体上看，居住空间室内设计学科的相对独立性日益增强。同时，与多学科、边缘学科的联系和结合趋势也日益明显。现代居住空间室内设计除了仍以建筑设计作为学科发展的基础外，工艺美术和工业设计的一些观念、思考和工作方法也日益在室内设计中显示其作用。

适应于当今社会发展的特点，居住空间室内设计的发展呈现出多元并存的趋向。人民生活水平的日益提高对居住条件提出了更高的要求，人们所要求的不仅是有足够的居住面积，而且在居住方便、舒适和审美方面等都将有新的需求。因此，人们的居住条件也将由功能型向舒适型转化。居住空间室内设计由于使用对象的不同、建筑功能和投资标准的差异，明显地呈现出多层次、多风格的发展趋势。但需要指出的是，不同层次、不同风格的现代居住空间室内设计都将更为重视人们在室内空间中精神因素的需要、环境的文化内涵及审美的转变。

2.以人为本，满足使用要求

随着经济的迅猛发展与科技的飞速进步，人们开始追求休闲、宽敞与舒适的室内空间，开始关心自身生理、心理及情感的需要。“以人为本”的设计体现在以人的尺度为设计依据，以人的生理与心理协调人与室内的关系。改变过去人们必须适应室内环境的状况，使居住空间室内设计充分满足人们对安全、舒适、个性的需求。

人类最基本的需求是生存和安全，人类对延续生命、趋利避害方面的要求是居住空间室内设计的基础。除了要考虑一些突发的自然与人为灾害对人的影响，在居住空间室内设计中设置一些应对的防御措施外，还要考虑室内的家具与室内装饰装修构建的牢固性以及对门窗的结构设计等，这样就可以及时有效地确保人们生命财产的安全。

在室内设计中应该重视适用性与舒适性。良好的居住空间不仅要满足功能要求，还应与人的视觉、心理相吻合。人们对居住空间的感知源自比例与尺度、封闭与开敞、丰富与单调、亲切与冷漠、人工与自然、秩序与混乱、动与静等方面。这些因素的协调处理，会使人对室内空间形态有一个良好的感知，即舒适感，否则就会使人感到难受或不美观。

当下，“寻求自我”是现代人普遍存在的一种心理状态，而“家”的概念，则成了“实用的家”或“精神的家”。设计师在创造满足使用功能的物质价值的同时，也要考虑到满足使用者对“个性化”的精神价值的追求，即满足个性的行为需求、个性的心理需求、个性的审美需求和个性的文化需求等。追求个性化的居住空间室内设计还带有强烈的创意性和独创性，是人为创造出来的，是对室内原有结构与功能的一种个性化的补充。

在居室空间的个性化设计中，装饰陈设会起到重要作用，在强调个性化的设计思维影响下，轻装修、重装饰将成为当今和今后的发展趋势。装饰艺术最重要的价值是其装饰性，装饰作品只有和居住空间融为一个和谐的整体，才有可能营造出富有个性的环境。这里所强调的装饰主体与空间主体的和谐统一是至关重要的。如果装饰风格与形式背离了其所在的特定空间主体和功能，将给居住空间气氛的塑造带来负面的影响。

所以，居住空间室内设计师要在倾听使用者的想法和要求的基础上，设身处地地为使用者考虑，与之沟通并达成共识，要在把握好共性后，更加强调个性和特性，绝不能千篇一律。要精心设计、创作，处处为使用者着想，使设计更加有情，注重实效，更加合理完善，全身心地为使用者服务。

3.关注新科技，运用标准化部件及设施

现代科学新技术正在对居住空间室内设计业产生着各种各样的影响，其中最容易引人注目的是新材料、新结构和新工艺在室内设计中的表现力。高技术的运用往往可以使室内设计在空间形象、环境气氛等方面都有新的创举，摆脱以往的习惯手法，给人以全新的感觉。

设计师们热心于运用能创造良好物理环境的最新设备；试图以各种方法探讨居住空间室内设计与人体工程学、环境心理学等学科的关系，反复尝试新材料、新工艺的运用；在设计表达等方面也不断运用最新的各种计算机技术。这些不仅为设计提供了前所未有的技术支持和创作空间，设计师的想象力也将不再受到技术的束缚和限制，由此将产生出一些新的设计方法和审美形态，并相应地推动了居住空间室内设计的发展。

由于设计、施工、材料、设施、设备之间的协调和配套关系加强，各部分自身的规范化进程进一步完善，居住空间室内环境又具有同期更新的特点，而且其更新周期相应较短。因此，在设计、施工技术与工艺方面要优先考虑干式作业、标准件安装、预留措施（如设施、设备的预留位置和设施、设备及装饰材料的置换与更新）等。这将大大降低整个设计与施工的成本，给居住空间室内设计和家居生活带来的将是方便、舒适以及高效率与高质量。例如，遵照我国住房和城乡建设部推出的《住宅整体厨房》（JG/T 184—2011）与《住宅整体卫浴间》（JG/T 183—2011）等行业标准进行空间设计，可使居住建筑的使用功能更趋科学化。

4.提倡可持续发展的理念

随着人类对环境认识的深化，人们逐渐意识到解决生态平衡、关注生存空间、注重可持

续发展观念将是21世纪建筑与环境空间设计的宗旨。同时，它也是居住空间室内设计师面临的最迫切的研究课题。因此，我们不仅要转变观念，也必须调整设计的思维方式，以生态的审美意识去重建设计理性。

1993年，第18届世界建筑师大会就号召：全世界的设计师要把环境与社会的持久性列为我们职业实践及责任的核心。1999年，第20届世界建筑师大会则进一步指出：走可持续发展道路是以新的观念对待21世纪建筑的发展，这也将给建筑和室内设计带来新的运动。

创作符合可持续发展原理的生态设计是目前室内设计界的一种趋势。众所周知，优美的风景与清新的空气既能提高工作效率，又可以改善人的精神生活。无论是建筑内部还是外部的绿化和绿化空间，尤其是居住空间环境中幽雅丰富的自然景观，久而久之都会对人产生积极影响。因此，回归自然成了现代人的追求。人们正在不遗余力地把自然中的植物、水体、山石等引入居住空间室内设计中来，在人类生存的空间中进行自然景观的再创造，使得人们在科学技术如此发达的今天，能最大限度地接近自然。

生态设计可以为人们提供一个良好的、合理的、高效能低功耗的生活环境，具有合适的温度、湿度，必要的风速，新鲜的空气，充足的光线，并且不受周围环境的热辐射、光辐射与噪音等干扰，既对环境有所利用，又能最大限度地保护环境和再生资源。

同时，生态设计理念提倡的是适度消费思想，倡导节约型的生活方式，反对居住空间室内环境的豪华和奢侈铺张。在设计中充分考虑资源的节约和利用，以满足后代的需要。依据资源和能源系统的更新能力对资源和能源的开采使用进行严格控制，尽量使用可循环或带有部分可循环成分的材料和产品。通过开发和使用可循环利用的装饰部件和家具，减少装修垃圾；通过水的再利用装置和节水装置减少生活废水，节约水资源；降低照明和各种电气设备的负荷，节约电力资源；选择规模恰当的供热、通风和空气调节系统，避免不必要的能源浪费；充分利用太阳能、风能等可再生能源；等等。在设计、选材、施工乃至更新装修等方面，都重视功能的合理设计，材料、能源、人力的节省和工程结构的牢固性、耐用性、易护性，避免返工而造成巨大浪费。

作为一名居住空间室内设计师，要通过巧妙的设计形式将先进的可持续发展设计思路与构想引入人们的日常生活，创造出舒适、有趣、环保的生活模式，让人们在生活中感悟可持续发展的重要性。

5.强调对环境意识的整体性认识

“环境意识”是一个既古老又崭新的概念。自有人类以来，人类的生存和发展就是建立在对自然环境的改造基础之上的，在人类发展的不同历史时期，环境意识因不同的文化、不同的物质生产技术条件以及人的需求的不同而有不同的内涵和表现。

从人类的干预程度看，可以把环境分成三类，即自然环境、人为环境和半自然半人为的环境。对于室内设计师来讲，其工作主要是创造人为环境。当然，这种人为环境中也往往带有不少自然元素，如植物、山石和水体等。

按照范围的大小来看，环境可分成三个层次，即宏观环境、中观环境和微观环境。它们各自又有着不同的内涵和特点。宏观环境的范围和规模非常之大，其内容常包括太空、大气、山川森林、平原草地、城镇及乡村等，涉及的设计领域常有国土规划、区域规划、城市及乡镇规划、风景区规划等。中观环境常指社区、街坊、建筑物群体及单体、公园、室外环境等，涉及的设计领域主要是城市设计、建筑设计、室外环境设计、园林设计等。微观环境一般常指各类建筑物的内部环境，涉及的设计领域常包括室内设计与工业产品造型设计等。

中观环境和微观环境是与人们的生存行为有着密切关系的层次，绝大多数人在一生中的绝大多数时间里都和微观环境发生着最直接最密切的联系。因此，微观环境对人有着举足轻重的影响。从与环境的关系上讲，微观环境只是大系统中的一个子系统，它和其他子系统存在着互相制约、互相影响、相辅相成的关系。任何一个子系统出现了问题，都会影响到环境的质量，因此就必然要求各子系统之间能够相互协调、相互补充、相互促进，达到有机的匹配。就微观环境中的室内环境而言，必然会与建筑、公园、城镇等环境发生各种关系，只有充分注意它们之间的有机匹配，才能创造出真正良好的内部环境。

对于居住空间室内设计来讲，首先，当然与建筑物存在着很大的关系。居住空间的形状、大小，门窗开启方式，空间与空间之间的联系方式，乃至室内设计的风格等，都与建筑物存在着千丝万缕的联系。

其次，居住空间室内设计与其周围的自然景观也存在着很大的关系，室内设计师应该善于从中汲取灵感，以期创造富有特色的内部环境。事实上，居住空间室内设计的风格、装饰造型色彩、门窗位置、视觉引导、装饰用材与绿化选择等方面都与自然景观存在着关系。

此外，就城市环境而言，其特有的文化氛围、城市文化和风土人情等对居住空间环境亦有着潜移默化的影响。

总之，居住空间室内设计是环境设计系统中的一个组成部分，强调环境意识的整体性认识，有助于创造出富有地域特色的室内环境。

6.尊重历史，强调文化内涵的设计

现代居住空间室内设计应有丰富的文化内涵，设计师应努力根据不同民族、不同地域、不同时期的文化遗产，在风格、样式、品位上把它提高到一个新的层次，并用现代设计理念进行新的诠释和传承，这将是新世纪室内设计师探讨的又一重要课题。

值得注意的是，这里所说的“文化”并不意味着古老的传统，而是把民族性、时代性、地方性、国际性高度地浓缩、提炼、概括，将精华体现出来，创造出极具文化魅力和创新性的设计作品。

尊重历史文脉的观点是当代室内设计的一个重要观点。它认为室内设计应尊重历史，要考虑到历史文化的延续和发展。它并不是狭义地指历史形式、符号，而是广义地指设计规划思想、平面布局和空间组织特征，以及设计中的哲学思想和观点的运用。因此，历史文脉观点在居住空间室内设计中的体现更多的应该是内在的精神性和文化性，而不仅仅是外在的形式。其介入的方式是通过居住空间室内的概念设计、空间设计、色彩设计、材质设计、布置设计、家具设计、灯具设计、陈设设计等产生一定的文化内涵，达到一定的隐喻性、暗示性及叙事性。在上述手段中，陈设设计是最具有表达性和感染力的。如墙壁上悬挂各类绘画艺术、图片、壁挂等，家具上陈设和摆设各种工艺品等。

纵观人类的历史长河，居住空间室内设计的发展与建筑、雕塑、园林和美术等各艺术门类的发展有着千丝万缕的联系，同时它的发展又与不断变化的社会相协调，与不断进步的科

学技术相衔接，与人类对自身认识的深化相和谐。

我国历史悠久，在人居环境方面拥有深厚的文化传统积淀，这些都是我们当今开展居住空间室内设计的宝贵资源。设计师应该研究历史，取其精华，去其糟粕，充分发挥东方文明古国人居环境的独特设计理念，通古今之变，创造出健康、积极、文化底蕴浓厚的居住空间室内环境。在具有不同历史的社会和不同文明程度的人群之间做出一个协调的体系，设计出属于时代的和世界的生活方式。

7.居住空间智能化

智能化居住空间，又称智能住宅、智能家居。目前，与此含义近似的词语相当多，例如电子家庭、数字家园、家庭自动化、家庭网络/网络家居、智能家居/建筑等，在我国港台地区，还有数码家庭、数码家居等称法。

用家庭智能化技术，使家庭中各种与信息相关的通信设备、家用电器和家庭保安装置，通过家庭总线技术连接到一个家庭智能化系统上，进行集中的或异地的监视、控制和家庭事务性管理，并保持这些家庭设备与住宅环境的和谐与协调。智能住宅以住宅为平台，兼备建筑、网络通信、信息家电、设备自动化，创造了一个集系统、服务、管理于一体的高效、舒适、安全、节能、便利的居住和生活环境。

智能家居最早引起人们的注意可能是当初比尔·盖茨耗资5.3亿美元建立的智能化豪宅，这一度被许多人看作一种梦想。但如今有众多的商家正在把这种梦想变为现实。许多住宅小区的开发商在住宅的设计阶段已经或多或少考虑了智能化功能的设施，少数高档的住宅小区已经配套了比较完善的智能家庭网络，并在房地产的销售广告中已经开始将“智能化”作为一个“亮点”来宣传。此外，一些对科技发展动向和市场趋势敏感的科研机构和有实力的公司已经看到这个市场的广阔前景，意识到这是一个难得的机遇，所以开始或已经研究和开发相关系统和产品，并作了先期的部署和规划，开始介入智能家庭网络这个全新的领域。

一个智能家庭网络的基本目标是为人们提供一个舒适、安全、方便和高效率的生活环境。

第二节 居住空间的类型

居住空间是具备人们生活起居功能的设施，是供人们长期、短期或临时居住的建筑内部空间。现代社会急速发展，单一的居住空间类型不可能满足各种现实需求，加上不同的经济状况和客观环境条件的限制，居住空间呈多元化发展趋势。

居住空间是一个非常笼统的概念，这里我们将它概括为四种基本的形式，即单体式住宅、联体式住宅、单元式住宅和商住两用式住宅。

一、单体式住宅

单体式住宅属于一种高级的低密度住宅，也就是我们常说的独栋式别墅。低密度住宅的概念在我国并没有一个明确标准，中华全国工商业联合会住宅产业商会制定的《中国低密度住宅规划设计要点》中对低密度住宅解释为：建筑容积率不大于0.9，或者套密度不大于3.5（套/1000平方米），且层数在四层以下的住宅为低密度住宅。

作为住宅的一种重要的形式，在西方发达国家，尤其是在郊区、小城市和乡村，单体式住宅相当普遍。改革开放以来，这种形式在我国的发展也非常迅猛。单体式住宅一般带有庭院和宽敞的内部空间，可以保持其独特性，可以根据个人的需要来计划设计或重新改造整个房子。因而它能更好地满足人对私密性的要求，使人的活动更自由、建筑形象更具个性化。

图1-10　单体式住宅

单体式住宅是住宅类型的重要组成部分，其技术含量和内部设施要求比高层住宅更高，价格更昂贵，因而这类住宅的开发、经营和设计应注意创造更加舒适、安全的居住环境，使建筑形象与空间更加别致新颖，其设备、设施、档次与配套要做到真正高质量（图1-10）。单体式住宅的主要形式有以下几种。

① 带阁楼的复式建筑。这种住宅的卧室一般在楼上的阁楼里面，带天窗。主层包括起居室、餐厅、厨房、浴室或简配浴室，或者也可能有一个小房间或家庭活动室和主卧室。

② 两层或三层建筑。这种建筑和带阁楼的复式建筑差不多，唯一的不同在于房顶比较高。层高可以允许全尺寸的天花板。一般，在顶层的上面还有一个整层或半层高的阁楼。

③ 错层建筑。错层建筑即三层或以上的住宅。典型的错层建筑的布局会把起居室、餐厅、厨房等放在主层。高出几个台阶属于卧室部分，向下几个台阶是家庭活动室和生活设施室。主层下面的一层可设置储物间或额外的卧室。

④ 错层入口高出地面的住宅。这种建筑的地下室会有一半高出地面。入口在地面，入口处有楼梯向上通向主层或向下通向地下室。因为地下室的一半高出地面，窗户会大一些，采光会更好，所以底层也更利于居住。

二、联体式住宅

随着住宅商品化的发展，多样的居住者必然对各种档次、类型、套型的住宅有一定需求。低密度住宅的形式也是多种多样的，除了上述介绍的单体式住宅，还包括如双排式、联排式的联体式住宅（图1-11）。联排别墅容积率在0.6 ~ 0.8。

图1-11　联体式住宅

联体式住宅为双套或多套拼联住

宅，其边墙与相邻房屋毗连，既有独立结构的私密性，同时较独立式住宅而言又具有经济性，但每套住宅只有三面或两面临空。有的联体式住宅一字排开，也有的是围合式的连接形式。

联体式住宅具有单体式住宅的许多优点，同时也能更有效地利用土地，以使更多的人可以居住在离市中心、学校或商业区更近、更便利的地区。这种住宅既有独立性，又能节约用地，价格也相对经济一些。

三、单元式住宅

单元式住宅是相对于单体式住宅而言的住宅形式，它可以容纳更多的住户。单元式住宅又称梯间式住宅，是目前在我国大量兴建的多层和高层住宅中应用最广的一种住宅建筑形式（图1-12）。单元式住宅的基本特点有以下几个方面。

① 每层以楼梯为中心，每层安排户数较少，各户自成一体。

② 户内生活设施完善，既减少了住户之间的相互干扰，又能适应多种气候条件。

③ 可以标准化生产，造价经济合理。

④ 保留一些公共使用面积，如楼梯、电梯、走道等，保证了邻里交往，有助于改善人际关系。

作为单元式住宅的一种，公寓式住宅最早是舶来品，一般建在大城市，大多数是高层，标准较高，每一层内有若干单户独用的套房，包括卧室、起居室、客厅、浴室、厕所、厨房、阳台等，室内提供家具等设施，主要供一些常来常往的中外客商及其家眷中短期租用，也有一部分附设于旅馆酒店之内供短期租用。改革开放以来，随着社会经济的不断发展、人们生活水平的不断提高，公寓式住宅已进入了城市乃至乡镇的寻常百姓之家。

在公寓式住宅中也有一些豪华公寓或独层公寓，一般比较大，质量更好，甚至有一些豪华的设施。楼的底层或附近一般会有便利的配套服务。

此外，有些公寓式住宅还可以供不同类型的人定期居住。如青年公寓、老年公寓、学生公寓等。

四、商住两用式住宅

如今，我们已经进入了一个“足不出户，便知天下事”的信息时代，居住空间的传统观念也受到了新思维的挑战。商住两用式住宅又可称为商务式住宅，与前三种形式相比，它的功能不是简单的“居住”，而是将居住与办公活动结合起来，是一种既可居住又可办公的高档物业，在产权上属于公寓类型，但其中又完全具备写字楼的功能，是近年来出现的一种极具个性化和功能性的居住空间形式（图1-13）。

商住两用式住宅以一种全新的面貌出现，给人们带来了新的居家办公理念，适用于那些需要长期在家办公的特殊人群。设计上可以丝毫不亚于高档写字楼的豪华尊贵，商务配套和生活配套也让用户耳目一新。

近年来出现的“SOHO”“LOFT”空间就是商住两用式住宅的具体形态体现（图1-14）。“SOHO”是英文“Small Office，Home Office”的缩写，从字面理解是小型家庭办公一体化的

图 1-12　单元式住宅

图 1-13　商住两用式住宅

图 1-14　带有“SOHO”“LOFT”含义的居住空间

意思。“LOFT”的英文原意是指工厂或仓库的楼层，现指没有内墙隔断的开敞式平面布置住宅。“LOFT”发源于20世纪60 ～ 70年代美国纽约的建筑，逐渐演化成为一种时尚的居住与生活方式。它的定义要素主要包括：高大而开敞的空间，上下双层的复式结构，类似戏剧舞台效果的楼梯和横梁；流动性强，户内无障碍；颇具透明性，减少了私密程度；具有开放性，户内空间可以全方位组合；艺术性强，通常由业主自行决定所有风格和格局。“LOFT”是同时支持商住两用的形态，所以主要消费群体是对功能上和个性上有需求的人群。从功能上考虑，其用户主要是一些比较需要空间高度的，比如电视台演播厅、公司产品展示厅等；作为个性上的考虑，许多年轻人以及艺术家都是“LOFT”的消费群体，甚至包括一些IT企业人士。

第三节　居住空间的构成与含义

一、居住空间的构成

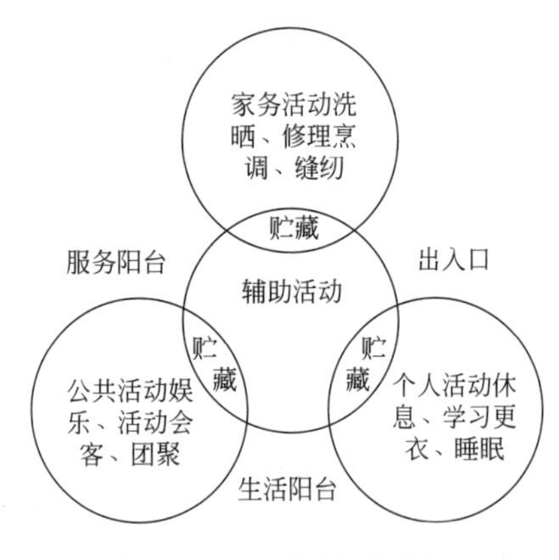

图 1-15　居室空间关系图

居住空间的构成，实质上是家庭活动的性质构成，其范围广泛，内容复杂。根据居住空间家庭生活行为分类，居住空间的内部活动区域可以归纳为个人活动空间、公共活动空间、家务活动空间、辅助活动空间等。它们在居住空间环境中既具有一定的独立性，彼此又有一定的关联（图1-15）。

（一）公共活动空间

公共活动空间又称为群体活动空间或群体生活区域，是供家人共享以及亲友团聚的日常活动空间，是一个与家人共享天伦之乐兼与亲友联系情感的日常聚会的空间。其功能不仅可以适当调剂身心、陶冶情操，而且可以沟通情感、增进幸福。一方面，它成为家庭生活聚集的中心，在精神上反映着和谐的家庭关系；另一方面，它是家庭和外界交际的场所，象征着与人交往、合作和友善。家庭的群体活动主要包括聚谈、视听、阅读、用餐、户外活动、娱乐及儿童游戏等内容。由于各个家庭结构和家庭特点（年龄）的不同，这些活动的规律和状态也是不同的，有些会产生很大的差异。在室内面积条件允许的情况下，可以从空间的功能上依据不同的需求定义出门厅、起居室（客厅）、餐厅、游戏室、视听室等种种属于家庭群体活动性质的空间。这样公共功能空间的概念就更明确了。

（二）个人活动空间

个人活动空间又称为私密空间或私密生活区域，是家庭成员各自进行私密行为的空间。它能充分满足人的个性需求，其中有成人享受私密权利的禁地、子女健康而不被干扰的成长摇篮以及老年人安全适宜的幸福空间，各个年龄层的家庭成员应该有各自相应的私密活动场所。设置私密空间是家庭和谐的主要基础之一，其作用是使家庭成员之间能在亲密之外保持适度的距离，从而维护各自必要的自由和尊严，消除精神负担和心理压力，获得自我表现和自由抒发的乐趣和满足，避免干扰，促进家庭的和谐。私密性空间主要包括卧室、书房和卫浴间等。卧室和卫浴间提供了个人休息、睡眠、梳妆、更衣、沐浴等活动的私密空间，其特点是针对多数人的共同需要，可以按个体生理与心理的差异，根据个体的爱好和品位来设计；书房和工作间是个人工作思考等突出独自行动的空间。针对个性化来设计是个人活动空间的特点，它强调根据性别、年龄、性格、喜好等人性因素来设计。完备的私密性空间具有休闲性、安全性和创造性，是能使家庭成员自我平衡、自我调整、自我袒露的不可缺少的空间区域。

在居住空间室内设计过程中，区别对待各种各样的私人空间是居住空间室内设计内容重要的一环。事实上，它是“居住”这个词的本质和核心。

（三）家务活动空间

家务活动空间又称为家务操作空间或家务生活区域。为了适应人们生活、休息、工作、娱乐等一系列的要求，需要有一系列设施完整的空间系统来满足家务操作行为，从而解决清洗、烹饪、整理等问题。家务活动的工作场地和设施的合理设置，将给人们节省大量的时间和精力，充分享受其他方面的有益活动，使家庭生活更舒适、优美而且方便。家务活动主要以准备膳食、洗涤餐具和衣物、清洁环境等为内容，它所需的设备包括厨房操作台、洗碗机、吸尘器、洗衣机以及储存设备如冰箱、冷柜、衣橱、碗柜等。

随着生活节奏的不断加快，人们的生活方式更趋多元化，人和人交流的方式与场所不再局限在原有的相对固定的场合。相关调研情况表明，家庭交流及聚集活动越来越多地发生在家庭事务的工作过程中，即厨房料理台、操作台周边环境成为了人际交流的经常性场所。这同时告诉设计师，家务活动空间并不是与公共活动空间或私密空间并列的功能空间，现今，它与这两者的关系较以前更含混而模糊、更趋多元化。考虑家务活动空间设计时，应将操作的便利性放在首位，人机关系的合理及准确运用是设计的关键。同时，在条件允许的前提下，要想办法减轻家务工作的强度，使用现代科技产品，给操作者带来愉快的心情，使家务活动能在正确舒适的操作过程中成为一种享受。

二、居住的功能空间的含义

居住空间中的家庭生活几乎包含了一个人的生命成长过程中的各个阶段。无论家庭的结构和经济条件如何，一套居住空间的住宅所包含的具体功能项目大致包括门厅（玄关）、起居室（客厅）、卧室、厨房、餐厅、书房（工作室）、子女房、卫生间、休闲室等。住宅的档次不同，其包含的房间数量、设备条件、面积的大小也不相同。

1.门厅（玄关）

门厅为住宅主入口直接通向室内的过渡性空间，它的主要功能是家人进出和迎送宾客，也是整套住宅的屏障。门厅面积一般为2 ~ 4m^2。它面积虽小，却关系到家庭生活的舒适度、品位和使用效率。

2.起居室（客厅）

起居室是家庭群体生活的主要活动场所，是家人视听、团聚、会客、娱乐、休闲的中心，在我国传统建筑空间中称为“堂”。一般在面积条件有限的情况下，起居室与客厅常是一个功能空间的概念。起居室是居室环境使用最集中、频率最高的核心住宅空间，也是家庭主人身份、修养、实力的象征。

3.卧室

由于人的一生有1/3的时间是在睡眠中度过的，因此，一个好的睡眠环境对于迅速恢复体力，调节人的生理、心理健康十分重要。完整的卧室环境应包括三个主要功能分区：睡眠区、更衣区、梳妆区。睡眠区主要由床、床头灯、床头柜等组成；更衣区由衣柜、座椅、更衣镜等组成；梳妆区由梳妆台、镜子、坐凳等组成。

4.子女房

子女房是家庭子女成长发展的私密空间，原则上必须依照子女的年龄、性别、性格和特征给予相应的规划和设计。按儿童成长的规律，子女房可按照婴儿期、幼儿期、儿童期、青少年期和青年期五个阶段来分类。

5.书房（工作室）

住宅中的书房是一个学习与工作的环境，一般附设在卧室的一角，也有紧连卧室独立设置的。书房的家具有写字台、电脑桌、书橱柜等，也可根据职业特征和个人爱好设置特殊用途的器物，如设计师的绘图台、画家的画架等。

6.餐厅

餐厅是家庭日常进餐和宴请宾客的重要活动空间。餐厅的位置一般应与厨房相邻，需要配置餐桌、餐椅、酒水柜、餐具柜等家具。餐厅可分为独立餐厅、与客厅相连餐厅、厨房兼餐厅等几种形式。

7.厨房

厨房是专门处理家务膳食的工作场所，它在住宅的家庭生活中占有很重要的位置。其基本功能有贮物、洗切、烹饪、备餐以及用餐后的洗涤整理等。一个良好的厨房，一般包括三个主要的功能分区，即储存区、备餐区和烹饪区。每个区域都有自己的一套设备，基本设施有洗涤盒、操作平台、灶具、微波炉、排油烟机、电冰箱、储物柜、热水器，有些可带有餐桌、餐椅等。厨房要突出洁净明亮、使用方便、通风良好、光照充足，符合人体工程学的要求且功能流线简洁合理。

8.卫生间

卫生间是现代家居环境中的重要项目，其数量、单位面积的大小、卫生洁具的质量、装修标准等，直接反映出家庭生活质量的高低。

原则上，卫生间应为卧室的一个配套空间，理想的住宅应为每一居室设置一间卫生间，事实上，目前多数住宅无法达到这个标准。在住宅中如有两间卫生间时，应将其中一间供主人卧室专用，另外一间供作公共使用。如只有一间时，则应设置在睡眠区域的中心地点，以方便各卧室使用。

9.休闲室

休闲室也称家人室，意指非正式的多目标活动场所，是一种兼顾儿童与成人的兴趣需要，将游戏、休闲、兴趣等活动相结合的生活空间，如健身、棋牌、乒乓、编织、手工艺等项目。其使用性质是对内的、非正式的、儿童与成人并重的空间。休闲室要突出家庭主人的兴趣爱好，家具配置、贮藏安排、装饰处理都需体现个性、趣味、亲切、松弛、自由、安全、实用的原则。

10.其他生活空间

住宅除室内空间外，常常根据不同条件还设置阳台、庭院、游廊等家庭户外活动场所。阳台亦称露台，在形式上是一种架空的庭院，以作为起居室或卧室等空间的户外延伸，在设施上可设置坐卧家具，起到户外起居或沐浴阳光的作用。庭院为主要户外生活场所，庭院以绿化、花园为基础配置供休闲、游戏等的家具和设施，如茶几、座椅、摇椅、秋千、滑梯和戏水池等。游廊是一种半露天形态的活动空间，建筑构造有悬伸和特别设置的平顶式。游廊的设施视家庭功能所需，可以设置健身、花园、游戏、起居、茶饮等功用环境。其设计特点是创造一种享受阳光、新鲜空气和自然景色的环境氛围。

思考与练习

思考题目：观察身边的家庭生活行为，思考三个类别的活动空间是如何相互影响，又是如何相对独立的？

训练题目：选取我国南方和北方的两个代表性城市，分别对青年人、中年人、老年人群体做居住空间调查并绘制分析表格，归纳不同社会背景下、不同群体的居住空间构成特点，形成报告。

INTERIOR DESIGN OF LIVING SPACE

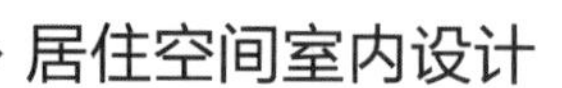

居住空间室内设计

第二章 居住空间中的生活行为与心理需求

学习目标

1. 熟悉居住生活行为与室内设计的关系。
2. 掌握人体工程学在室内设计中的应用。
3. 熟悉居住生活的心理需求内容。
4. 了解居住空间的设计风格。

技能目标

通过本章内容的学习，能够从人的精神需求、生活行为习惯等方面深入理解居住空间设计具有的人文特性，是开展设计时研究客户需求、进行细致有效分析的理论基础，有利于更加高效地指导第四章的项目实训。

素质目标

树立以人为本的工作理念，培养正确的价值观、人文意识和社会责任感。

居住空间不仅为人们提供了身体保护，还有助我们的身心成长与健康，从而改善个人形象。居住空间能让人们从外部激烈的生存竞争压力中解放出来，在属于个人的温馨空间中发挥自己的潜能，从而给个人的创造性发挥提供一条途径。居住空间被认为是满足人类各层次需要的核心地带。

根据马斯洛（Abraham Maslow）的“需要层次理论”，人的需求由低向高分为生理需求、安全需求、爱和归属感（也称社交需要）、尊重、自我实现五类。

上述五种需要可以分为两级，其中生理上的需要、安全上的需要和感情上的需要都属于低一级的需要，这些需要通过外部条件就可以满足；而尊重的需要和自我实现的需要是高级需要，它们是通过内部因素才能满足的，而且一个人对尊重和自我实现的需要是无止境的。同一时期，一个人可能有几种需要，但每一时期总有一种需要占支配地位，对行为起决定作用。任何一种需要都不会因为更高层次需要的发展而消失。各层次的需要相互依赖和重叠，高层次的需要发展后，低层次的需要仍然存在，只是对行为影响的程度大大减小。

人在低层次的需要得到满足之后，才会有追求更高层次的需要的要求。人们对居住空间的要求是最基本的生理要求。在此基础上，才渴望更高层次的需要。通过更宽敞、更舒适、更富有个性化的居所，进而获得自尊，实现自我价值。总之，较高层次的需要，必须建立在身体健康、安全等基本需要得到保障的基础上。

当今的社会生活瞬息万变，每个人在一生中会经历许多改变，其中包括物质条件的变化、地理位置的变更，还有年龄的增长、社会角色和家庭角色的改变。所以，居住空间的类型和位置也会随之发生改变。但对于家庭来说，它永远是满足人们最基本生理需要的空间。它在个人生活和社交活动中能起到举足轻重的作用。

从“需要层次理论”的五个方面分析，生理需求无疑是最基本最直接的。为了抵御来自自然界包括恶劣天气和灾害在内的威胁，为了不受他人的侵扰，拥有一个安全、舒适而有益健康的地方是人们的必然需求。因为我们需要用餐、休息，需要避免可能伤害自己的危险发生，需要隔离噪声污染、光污染、空气中传播的细菌污染和浓烟等。

居住空间室内设计要满足上述要求，就必须慎重分析处理居住空间的功能，关注和解决空气质量、人体舒适度与温湿度以及声环境等问题。这就需要设计师发挥创造性思维，针对居住者的使用需要，设身处地地为居住者着想，以设计师的聪明才智去完善居住空间的基本功能，提供既舒适又方便实用的居住空间。

第一节　居住生活行为的特征

居住空间室内设计是建立在人与居住建筑空间相互作用的基础之上的。居住环境设计得如何，对是否能满足人的生理需要、对人的生活行为和身心健康都有很大影响。因为人一生中的大部分时间是在居住空间（家）中度过的。所以，研究居住生活行为学，对居住空间的室内设计是非常必要的。

居住生活行为学主要研究人类居住生活行为的动机、情绪以及行为与居住空间环境之间的关系，包括环境心理学、人体工程学等方面的知识。

居住生活行为包括生理需求与精神需求两个层面。首先，设计师对其进行研究，要抓住生活行为的基本要素以及各要素之间的相互关系。其次，研究不同的人所具有的个性，有针对性地设计与其对应的空间。因此，优秀的居住空间室内设计应充分联系生活的实际与相应的空间关系，并将两者有机地联系起来。

通过对人们生活行为的分析，可以总结出居住空间内生活行为分类，见表2-1。

表2-1 居住空间内生活行为分类表

行为的种类（大分类）	行为的种类（小分类）＼居住空间类型	卫浴间	厨房	储藏空间	门厅	走廊	整体浴室	卧室	书房	餐厅	起居室	起居室、餐厅	阳台	庭院
就寝	就寝							●						
	休息	●						●			●	●		
清洗更衣	洗浴	●					●							
	洗面	●					●							
	化妆	●					●	●						
	更衣	●						●						
	修饰	●						●						
家务	育儿	●						●						
	扫除	●	●	●	●	●	●	●	●	●	●	●	●	●
	洗涤、熨衣	●											●	●
	裁缝							●		●	●	●		
	收拾、整理		●	●									●	●
	管理						●	●						
	烹调		●										●	●
饮食	就餐									●		●	●	●
	喝茶、饮酒									●	●	●		●
社交	谈话									●	●	●	●	●
	会客									●	●	●		●
	游戏									●	●	●	●	●
	鉴赏								●	●	●	●		●

续表

居住空间类型 行为的种类 大分类	小分类	卫浴间	厨房	储藏空间	门厅	走廊	整体浴室	卧室	书房	餐厅	起居室	起居室、餐厅	阳台	庭院
学习	学习、思考							●	●					
	工作（写作）								●					
娱乐消遣	游戏										●	●		●
	手工创作								●	●	●	●	●	●
	读书报	●						●	●	●	●	●	●	●
	园艺、饲养	●			●	●		●	●	●	●	●	●	●
移动	搬运					●							●	●
	通行					●							●	●
	出入				●								●	●

一、生活行为的内容

家庭是社会组成结构的基本单元。根据美国家庭问题专家分析统计，每个家庭成员在住宅度过的时间至少为人生的1/3，其中家庭主妇和学龄前子女在住宅中居留的时间最长，约占2/3到19/20，在校孩子亦长达1/3至3/4。实质上，平均每位成员消磨在住宅中的时间都超过2/3，很明显家人在住宅中留的时间越长，表示对家庭活动的需要越大。另外，从家庭成员的活动形式上分，有群体活动与个体活动之分。群体活动也就是家庭团聚、家庭社交活动，主要活动空间是起居室、客厅、餐厅和书房；个体活动指家庭成员休息睡眠，主要场所为卧室等。设计师了解家庭活动的特点，对居住空间环境的配合设计有着十分重要的意义。

随着社会的发展，家庭人员结构也发生了明显的变化。大户型减少，小户型增加。据人口调查统计，我国城市中3口人以上的家庭占63.29%，3口人以下的家庭占36.81%，5口人以上的家庭只占28.39%。家庭成员的减少，使得平均住房面积增加的趋势越来越明显。

各种活动在家庭生活中所占的时间、消耗的能量及其效率各不相同。粗略分析可知，人们每天在家庭活动中，休息活动所占的时间最长，约占60%；起居活动所占的时间次之，约占30%；家务等活动的时间最少，约占10%。当然，各个家庭的情况各不相同，家庭中各个成员在各项活动中所花的时间相差很大（如家务活动，一般人每天花1个多小时，而家庭主妇可能要花4 ~ 6小时），所消耗的能量也差别甚大。

二、生活行为的表现

家庭成员在家庭生活中的行为主要包括休息、学习、起居、饮食、家务、卫生等，每种行为又包括不同的项目，如起居类中有团聚、会客、娱乐等。这些具体的活动有各自的表现特征及对户内环境的影响，见表2-2。

表2-2　家庭生活要求的心理活动外在表现及其对户内环境的影响

家庭生活		空间环境污染										物理环境污染				
分类	项目	集中	分散	隐蔽	开放	安静	活跃	冷色	暖色	柔和	光洁	日照	采光	通风	隔音	保温
休息	睡眠		●	●		●			●	●		●	●	●	●	●
	小憩		●	●		●			●	●		●	●	●	●	●
	养病		●	●		●			●	●		●	●	●	●	●
	更衣		●	●		●			●	●		●	●	●	●	●
学习	阅读		●			●			●	●			●	●	●	●
	工作		●			●			●	●			●	●	●	●
起居	团聚	●			●		●		●	●			●	●	●	●
	会客	●			●		●		●	●			●	●	●	●
	音像	●			●		●		●	●			●	●	●	●
	娱乐	●			●		●		●	●			●	●	●	●
	活动		●		●		●				●		●	●	●	
饮食	进餐	●			●		●		●	●	●		●	●	●	●
	宴请	●			●		●		●	●	●		●	●	●	●
家务	育儿		●				●	●			●		●	●	●	
	缝纫		●				●	●			●		●	●	●	
	炊事		●				●	●			●		●	●	●	
	洗晒		●				●	●			●		●	●	●	
	修理		●				●	●			●		●	●	●	
	储藏		●				●	●			●		●	●	●	
卫生	洗浴		●	●			●				●			●		●
	便溺		●	●			●				●			●	●	
交通	通行		●		●		●				●		●			
	出入		●		●		●				●		●			

三、生活行为的空间秩序

人在居住空间内的活动行为是复杂的、千变万化的，其活动程序难以全部模拟。我们只能找出与空间关系比较密切的部分，按照人的习性、活动行为特征、活动行为规律进行模拟，用图形表达出来，形成居住行为空间秩序模式图（图2-1）。

该图又称为功能分析图或功能流程图，这是一种对户内活动行为空间关系的预测。它表示为一种空间关系，每一个圆圈表示一种功能空间。它可以是一个建筑实体，也可能是某种家具设备所构成的空间限定。它们之间的相对位置，也显示了居住空间内人们生活功能的空间分布。它们之间连接的线，表示了两种功能关系密切的程度，可能是走道，也可能是一扇门或一个门洞。这就为居住空间室内设计提供了空间组合的依据。

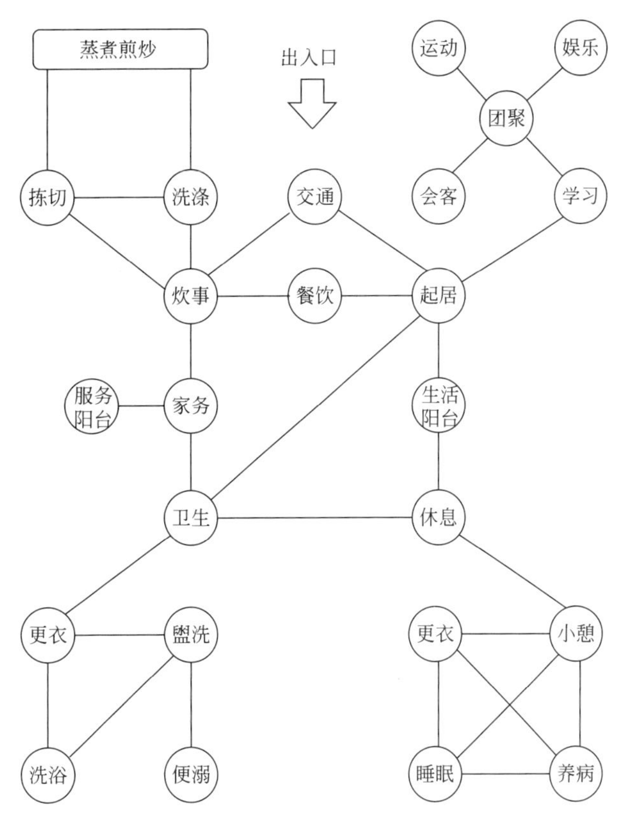

图 2-1　居住行为空间秩序模式图

图2-1中的居住行为总体空间秩序，表示了主要功能为起居、休息、家务、卫生四个部分的空间关系。从图中可以看出，休息和卫生为私密性空间，故处于尽端位置。由出入口经交通空间再进入起居和家务两个空间。因此，居住空间如有两个出入口则更为方便，一个为主要出入口，一个为辅助出入口。由于居住标准的差异，居住行为的总体功能也有很大的差异。

对于一般的标准住宅，交通和起居两部分可合为一体，成为一个小厅，或为一个通道；家务部分也只是一个从事炊事的厨房；卫生部分只是一个设有浴缸和便桶的卫生间；休息部分只是一个或两个卧室。随着生活水平的提高、物质经济条件的改善，以及人们居住观念的变化，休息、卫生、休息、家务四个部分，即为起居行为空间秩序模式、卫生行为空间秩序模式、休息行为空间秩序模式、家务行为空间秩序模式。这就扩大了起居空间，使之成为客厅、书房、健身房及游艺室，此时的交通空间也将扩大为独立的门厅；扩展了卫生空间，将盥洗与洗浴及便溺分开，成为独立的盥洗间；拓宽了休息空间，增加了卧室数量（如成人、孩子、老人卧室）；扩大了家务空间，成为厨房、洗衣房、储藏间、衣帽间。这就成了高标准住宅，目前的“别墅”以及特殊的大空间住宅就属于这种类型。

第二节　居住生活行为与人体工程学

人体工程学是以人的生理、心理特性为依据，应用系统工程的观点，分析研究人与物、人与环境以及物与环境之间关系的科学。人体工程学在我国是一门新兴的学科。随着社会的不断向前发展，以及人们对自身健康和环境质量的关注，人体工程学越来越受到各个行业的重视。尤其在现今正蓬勃发展的室内设计行业，对人体工程学的认识与应用也有了更进一步的扩大和提高。

人体工程学联系到室内设计，其含义为：以人为主体，运用人体计量检测、生理计量检测、心理计量检测等手段和方法，研究人体结构功能、心理、力学等方面与室内环境之间的合理协调关系，以适合人的身心活动要求，取得最佳的使用效能，其目标应是安全、健康、高效能和舒适。

一、人体工程学与室内设计

人体工程学为室内设计、家具设计和人的生理承受能力等提供理论和设计的参数，从而使得室内环境的艺术创造标准化、科学化、合理化。通过界定和利用人的具体活动特点所需要的适度空间、比例、尺度及其分割和联系，便可能最大限度地合理使用有限空间，为设计的整体效应和局部设计的展开建立良好的基础。

人体的结构非常复杂，从室内人类活动的角度来看，人体的运动器官和感觉器官与活动的关系最密切。运动器官方面，人的身体有一定的尺度，活动能力更有一定的限度，无论是采取何种姿态进行活动，皆有一定的距离和方式，因而与活动有关的空间和家具器物的设计必须考虑人的体形特征、动作特性和体能极限等人体因素。

人体工程学在室内设计中的作用主要体现在以下几个方面。

1.为确定人们在室内活动所需的空间提供主要依据

影响空间大小、形状的因素相当多，但是，最主要的因素还是人的活动范围以及家具设备的数量和尺寸。因此，在确定空间范围时，必须搞清楚使用这个空间的人数、每个人需要多大的活动面积、空间内有哪些家具设备以及这些家具和设备需要占用多少面积等。然后，根据人体工程学中的有关人体测量数据，从人的尺度、行为空间、心理空间以及人际交往空间等，确定各种不同的功能空间的划分和尺寸，使空间更有利于人们的活动。

作为研究问题的基础，首先要准确测定出不同性别的成年人与儿童在立、坐、跪、卧时的平均尺寸；还要测定出人们在使用各种家具、设备和从事各种活动时所需空间的体积与高度，这样一旦确定了空间内的总人数，就能定出空间的合理面积与高度（图2-2）。

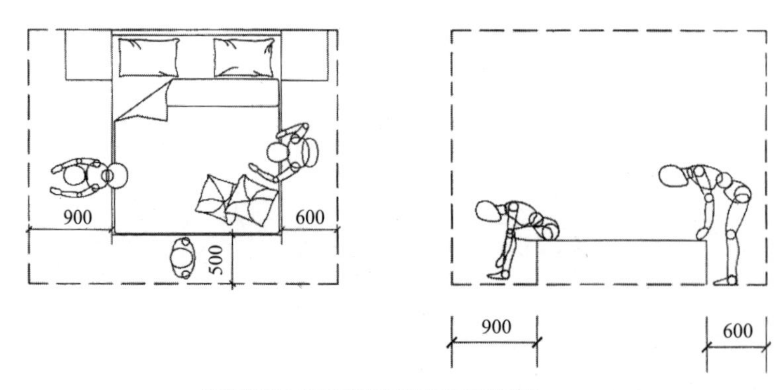

床的边缘与墙或其他障碍物之间的距离

图 2-2　人与空间尺度的关系（单位：mm）

2.为确定家具、设施的尺度及其使用范围提供主要依据

家具是构成室内空间的基本要素。根据家具与人和物之间的关系，可以将家具划分成以下三类。

① 与人体直接接触，起着支撑人体活动的坐卧类家具，如椅、凳、沙发、床榻等。

② 与人体活动有着密切关系，起着辅助人体活动、承托物体的凭倚类家具，如桌、台、几、案、柜台等。

③ 与人体产生间接关系，起着贮存物品作用的贮藏类家具，如橱、柜、架、箱等。

家具的主要功能是实用。因此，无论是坐卧类家具、凭倚类家具还是贮藏类家具都要满足使用要求。属于坐卧类家具的椅、床等，要让人坐着舒适、书写方便、睡得香甜、感到安全可靠、减少疲劳感。属于贮藏类家具的柜、橱、架等，要有适合贮存各种衣物的空间，并且便于人们存取。

家具是室内空间的主体，也是与人接触最密切的，因此它们的形状、尺度必须以人体尺度为主要依据；同时，人们为了使用这些家具和设施，其周围必须留有活动和使用的最小余地，这些要求都可以从人体工程学的角度给予合理的解决（图2-3、图2-4）。

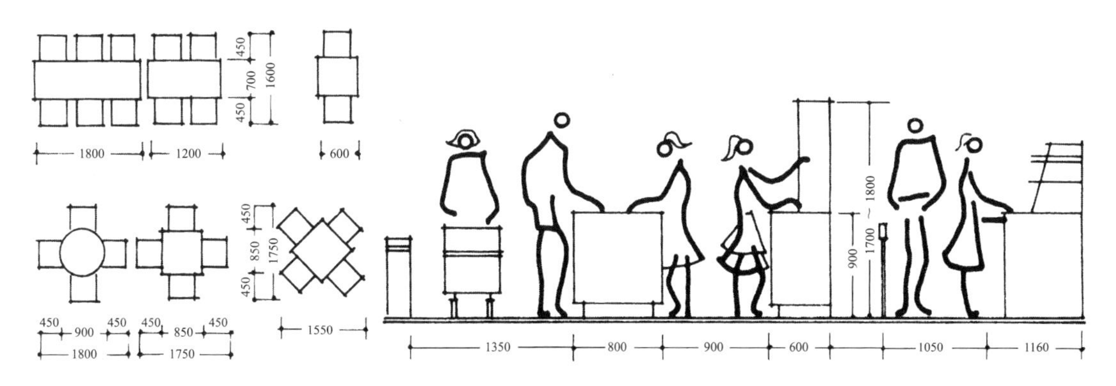

图 2-3　人与家具的尺度关系（a）（单位：mm）

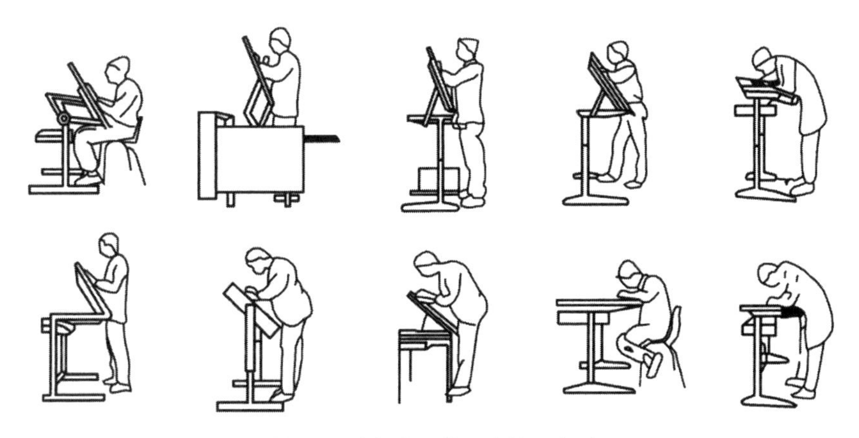

图 2-4　人与家具的尺度关系（b）

3.为确定感觉器官的适应能力提供依据

人的感觉器官在什么情况下能够感觉到刺激物，什么样的刺激物是可以接受的，什么样

的刺激物是不能接受的，这是人体工程学需要研究的另一个课题。人的感觉能力是有差别的，从这一事实出发，人体工程学既要研究一般的规律，又要研究不同年龄、不同性别的人感觉能力的差异。

以视觉为例，人体工程学要研究人的视野范围（包括静视野和动视野）、视觉适应及视错觉等生理现象。

在听觉方面，人体工程学首先要研究人的听觉极限，即什么样的声音能够被人听到。实验表明，一般来说，婴儿可以听到频率为每秒20000次的声音，成年人能听到频率为每秒6100 ~ 18000次的声音，老年人只能听到每秒10100 ~ 12000次的声音。其次，要研究音量大小会给人带来怎样的心理反应以及声音的反射、回音等现象。以音量为例，110dB（分贝）的声音即可使人产生不快感，130dB的声音可以给人以刺痒感，140dB的声音可以给人以压痛感，150dB的声音则有破坏听觉的可能性。

触觉、嗅觉等方面涉及的问题也很多。不难想象，研究这些问题，找出其中的规律，对于确定室内环境的各种条件（如色彩配置、景物布局、温度、湿度、声学要求等）都是绝对必需的。

4.提供适应人体的室内环境的最佳参数

室内环境主要有室内热环境、声环境、光环境、色彩环境等，在室内设计中依据人体工程学所提供的最佳参数，能够方便快捷地做出正确的决策。

5.为室内视觉环境设计提供科学依据

人眼的视力、视野、光觉、色觉是视觉的要素。人体工程学通过计量检测得到的数据，为室内光照设计、室内色彩设计、视觉最佳区域等提供了科学依据。

现代室内设计非常重视人与物、人与环境之间的关系，重视对空间的视觉环境、物理环境、生理环境及心理环境进行综合性的研究。在室内设计中不论是整体规划还是细节设计，都要以人为本，以人们使用的方便和舒适程度为基本出发点，使人们的生活、工作、娱乐等活动更加高效、安全、舒适、和谐。

二、人体测量学与室内设计

室内空间大小的确定更离不开人的尺度要求。确定一扇门的高度和宽度，就要了解人在进入房间时的姿势和活动范围及其功能尺寸，才能科学准确地确定门的大小。确定观众厅里走道的宽度、座椅的排间距，就要了解人在通行时每股人流的最小宽度，了解人坐着时臀部到膝盖的尺寸和坐高，使观众能舒适地落座，既不影响他人的通行又不影响后排人的观看，且使每排间距最经济，从而节省面积和空间高度。

人的生活行为是丰富多彩的，所以人体的作业行为和姿势也是千姿百态的，但是如果归纳和分类的话，我们可以从中理出规律性的东西。

1.人体测量学

人体测量学是通过测量人体各部位的尺寸来确定个人之间和群体之间在人体尺寸上的差别，是研究人体特征、人体静态结构尺寸和动态功能尺寸及其在工程设计中的应用等方面的一门学科。人体测量学的内容主要有四个方面。

① 人体构造尺寸。它包括身高，眼睛高度，肘部高度，挺直坐着、正常站立时的眼睛高度，肩中部高度，肩宽，两肘间的宽度，臀部宽度，肘部平放高度，大腿厚度，膝盖高度，膝腘高度，臀部到膝腘部的长度，臀部到足尖部的长度，臀部到脚后跟的长度，坐时垂直伸手能够着的高度，垂直手握高度，侧向手握高度，手臂平伸拇指梢距离、最大人体厚度、最大人体宽度等（图2-5、表2-3）。

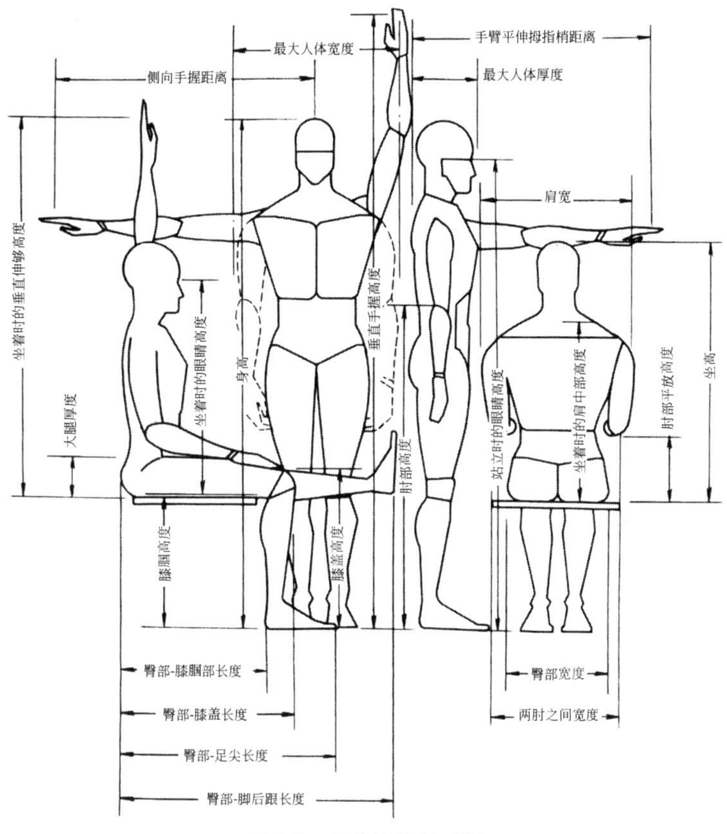

图 2-5　人体构造尺寸图

表2-3　人体测量尺寸

测量项目 \ 百分位数 \ 分组	男（18 ~ 60岁）			女（18 ~ 55岁）		
	5	50	95	5	50	95
1. 身高/mm	1583	1678	1775	1484	1570	1659
2. 体重/kg	48	59	75	42	52	66
3. 上臂长/mm	289	313	338	262	284	308
4. 前臂长/mm	216	237	258	193	213	234
5. 大腿长/mm	428	465	505	402	438	476
6. 小腿长/mm	338	369	403	313	344	376

② 人体功能尺寸，指人体的各种动态尺寸。比如，人体站立时手取物的舒适高度、人体蹲下取物时与其他障碍物之间的最小水平距离、人体站立时空间的舒适高度、人在厨房操作时厨具台面的最佳高度、餐厅及桌椅之间的最经济通道宽度、人在卧室中休息最温馨的空间净高度等（图2-6 ~图2-8）。

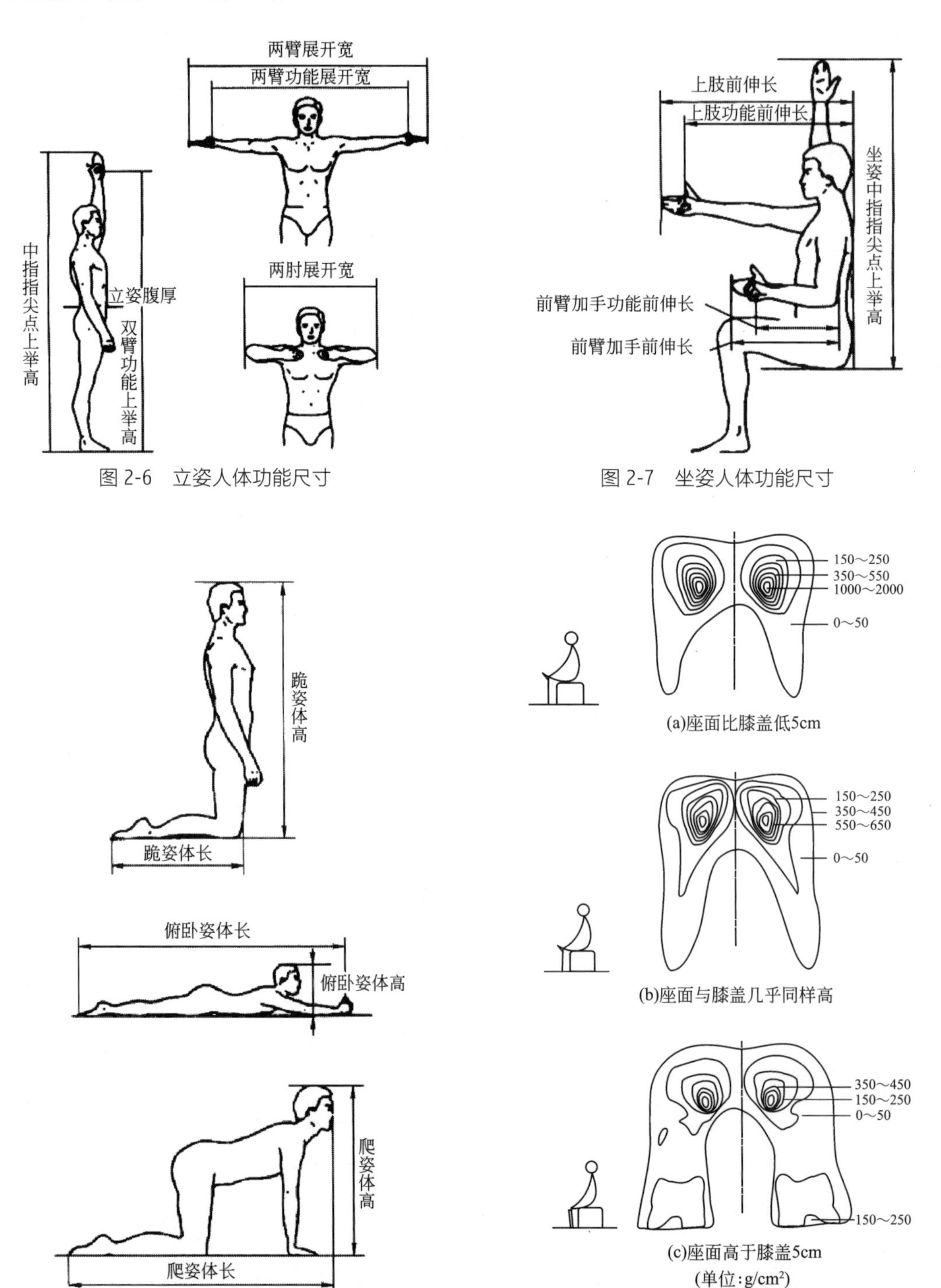

图2-6　立姿人体功能尺寸

图2-7　坐姿人体功能尺寸

图2-8　跪姿、俯卧姿、爬姿人体功能尺寸

图2-9　成年人座面体压分布与座板高度的关系

③ 人体重量，指人的体重。测量人体重量的目的在于科学地设计人体支撑和工作面的结构。如地面、床面、椅面、桌面等的结构强度以及成年人座面体压分布与座板高度的关系（图2-9）等。

④ 人体推拉力。人体最大拉力产生在180°位置上，最大推力产生在0°位置上。了解它的目的在于科学地设计桌子的侧推拉力、座椅的各个方向抗变形力、厨门的开启力、橱柜类抽屉的重量和抽拉力，进而科学地设计家具五金的构造（图2-10）。

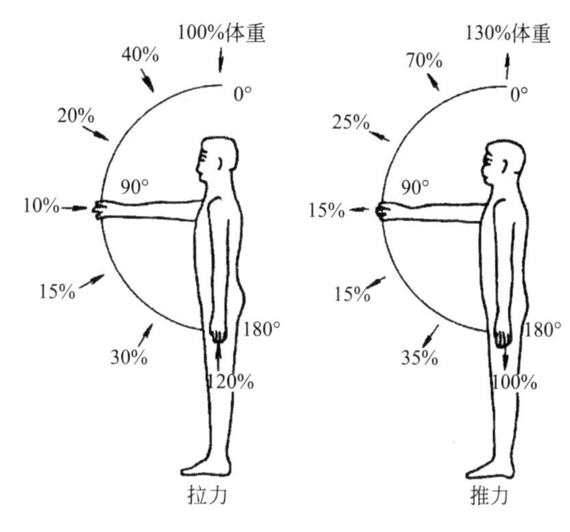

图 2-10　人体推拉力

2.人体的基本尺度

众所周知，不同国家、不同地区人体的平均尺度是不同的，尤其是我国幅员辽阔，人口众多，很难找出一个标准的国人尺度来，所以我们只能选择我国中等人体地区的人体平均尺度加以介绍。为便于针对不同地区的情况，这里根据《中国成年人人体尺寸（GB/T 10000—1988）》的数据，列出了我国典型的不同地区人体各部平均尺度，以供设计参考。

在建筑和室内设计中，确定人的活动所需要的空间尺度时，应照顾到男女不同人体身材的高矮的要求，对于不同情况可以从以下人体尺度来考虑。

① 应按较高人体考虑的空间尺度，宜采用男子人体身高幅度的上限即1.74m来考虑。例如，楼梯顶高、栏杆高度、阁楼及地下室的净高、个别门洞的高度、淋浴喷头高度、床的长度等。同时，要加上鞋的厚度20mm。

② 应按较低人体考虑的空间尺度，宜采用女子的人体平均高度即1.56m来考虑。例如，楼梯踏步、碗柜、搁板、挂衣钩、盥洗台、操作台、案板及其他设置物的高度。另外，需加上鞋厚度20mm。

③ 依据《中国成年人人体尺寸（GB/T 10000—1988）》，一般室内使用空间的尺度应综合我国成年人的平均高度1.67m（男）及1.56m（女）来考虑（2020年中国居民营养与慢性病状况报告中，我国18 ~ 44岁男性和女性平均身高分别为1.697m和1.58m），另加鞋厚20 ~ 30mm。

在建筑与室内设计中，除了身高外，还需考虑以下几种人体构造尺寸：人体高度、肩的宽度、肩峰至头顶高度、坐高、上臂长度、前臂长度、肩高度、手长度、臀部宽度、肚脐高度、上腿长度、下腿长度、脚高度、大腿水平长度、腓骨头高度、膝弯高度、大腿厚度、臀部至膝弯长度、肘间宽度等。了解这些尺度以及这些尺度与室内设计的关系，对于室内设计尤其是做居住空间室内设计的设计师特别重要（图2-11、图2-12）。

3.人的生活行为尺度

人体活动的姿态和动作是无法计数的，但是在室内设计中，我们只要控制了它的主要的基本动作，就可以作为设计的依据了。人体动作域即人们在室内各种工作和生活活动范围的大小，它是确定室内空间尺度的重要依据之一。它是以各种计量检测方法测定的人体动作域，

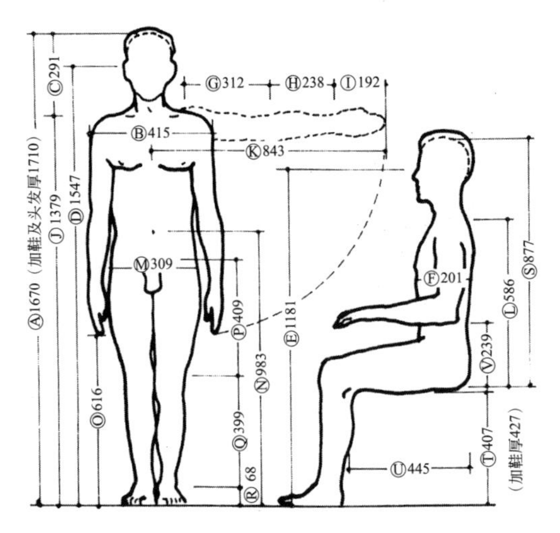

图 2-11　成年男子人体基本尺度（单位：mm）

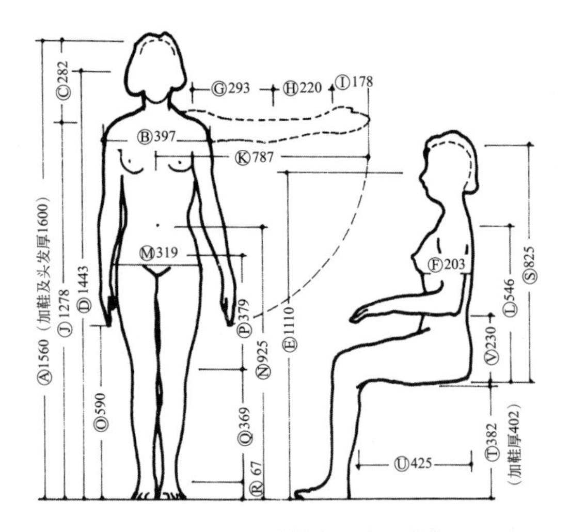

图 2-12　成年女子人体基本尺度（单位：mm）

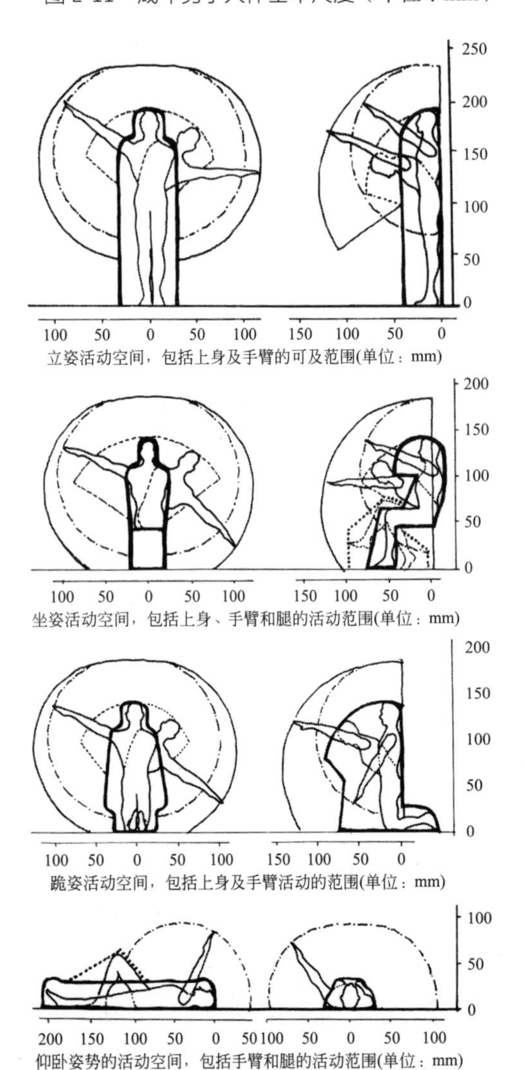

图 2-13　人体各种姿势的动作域图

也是人体工程学研究的基础数据。从人的行为动态来分也可以把它分为立、坐、跪、卧四种类型的姿势，各种姿势都有一定的活动范围和尺度。为了便于掌握和熟悉室内设计的尺度，下面将分别介绍人的各种行为和姿势的活动范围和尺度（图2-13）。

① 立。人体站立是一种最基本的自然姿态，是由骨骼和无数关节支撑而成的。

② 坐。人体的躯干结构用于支撑上部身体重量和保护内脏不受压迫，当人坐下时，由于骨盆与脊椎的关系推动了原有直立姿态时的腿骨支撑关系，人体的躯干结构就不能保持平衡，人体必须依靠适当的坐平面和靠背倾斜面来得到支撑和保持躯干的平衡，使人体骨骼、肌肉在人坐下来时能获得合理的松弛形态，为此人们设计了各类坐具以满足坐姿状态下的各种使用活动（图2-14）。

③ 跪。跪姿分双腿跪姿和单腿跪姿。双腿跪姿是指人身体和大腿直立，而小腿弯曲的姿态；单腿跪姿是指人身体和一只大腿直立、小腿弯曲，而另一只大腿由小腿支撑而形成的姿态。由于人的身体结构因素，跪姿都是短时的。人在短时作业时需要跪姿的状态来保持人体的躯干结构平衡，使人体骨骼、肌肉在人处

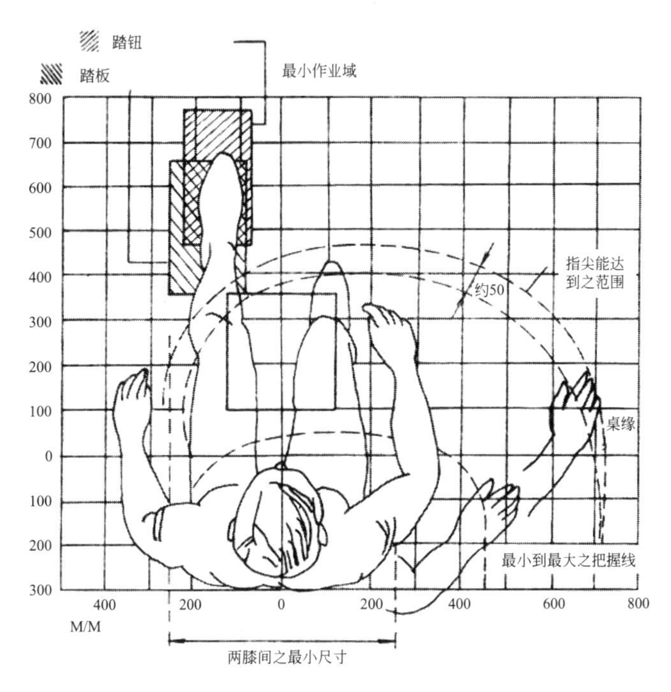

图 2-14 人体坐时的尺度范围

于跪姿时能获得合理的运动状态，完成跪姿状态下的各种活动。

④ 卧。卧是人的平躺姿态，是人希望得到最好的休息状态。不管是站立还是坐，人的脊椎骨骼和骨肉总是受到压迫和处于一定的收缩状态，卧的姿态才能使脊椎骨骼的受压状态得到真正的松弛，从而得到最好的休息。因此从人体骨骼肌肉结构的观点来看，卧不能看作站立姿态的横倒，其所处动作姿态的腰椎形态位置是完全不一样的，只有把“卧”作为特殊的动作形态来认识，才能理解“卧”的意义。

第三节 居住生活的心理需求

居住空间应该为使用者带来更舒适、更有效率、更美妙的生活体验。这个空间必须是实用的、科学的，并以巧妙优美的形式去改善居住空间的功能，给人以物质美与精神美的享受，满足人们生理与心理的要求。例如，起居室中的家具布置要能够有助于社交谈话轻松自如地进行；卧室则更需要强调私密性和灯光控制，才能满足其私密性和安全方面的心理要求。

环境心理学是研究人与周围环境之间关系以及如何创造最有利于我们生活环境的学科。它将心理学、社会学、生物学、人类学和生态学等学科与建筑学、环境艺术设计等学科结合了起来。如此一来使建筑与室内空间设计不再是纯粹出于形式美的考虑或纯专业化设计，而是使在环境设计的同时也具备人文学和生态学的理念。进一步讲，设计师有责任主动塑造适宜人类居住的优雅环境，创造人与环境的友好界面，而不是要人们被动地去适应和忍受那些不科学、不合理、没有美感的、不合时宜的设计和恶劣的环境。

一、居住空间与人的心理行为

据专家分析，私密性、个人空间、领地和拥挤是四个心理概念。私密性指一个属于个人的空间和领地的心理概念，在其范围内别人很难接近或能更亲密地接近。如果个人空间和领地未达到人们预期的私密程度，会导致过多不情愿的社会交往，人们就会感到拥挤。

1.居室的私密性

围合室内的墙体界面可以为人们提供身体保护、阻断视觉和听觉的侵扰。室内的私密性程度可由主人调控。门、窗、窗帘及屏风的开启与闭合正是由主人的意愿来控制的，这样人们的私密感才能得到满足。

2.个人空间——场

人与周围环境的关系中其实存在着“场”的现象。这个“场”虽然看不见、摸不着，但每个人都能实实在在地感觉到。例如，两个同学同时出现在阅览室，他俩必然是各自坐到离对方相对最远的位置。若是三个或三个人以上同时在场，他们也会保持相对远的距离（当然亲密关系除外）。而公共汽车和电梯里乘客的个人空间是被强行挤压了的。这种情景大家是出自不情愿却又无奈的选择，其结果就出现拥挤现象。任何一种对这个无形个人“场”的侵犯都被看作是威胁性的，给人带来压力和心理不适。

个人空间的“场”是因个人和社会环境的变化而扩大或缩小的。例如，在热恋中的情侣，相互间的距离则是越小越好，两个“场”因吸引而重叠，甚至相融。

3.领地

人类的领地概念与享有和保护私密空间是密切相关的。领地是经过特别界定的一块区域，通过保护性边界标志来表明、控制并使其个人化。这些标志可以是篱笆、标记、标示牌，或者有时候甚至是像冷眼这样的行为暗示。我们对于“我们的”地盘的心理认同体现在我们对位于其中的个人物品和家具的占有感和安排上。在自己的领地里，我们感到舒适安全，我们的个人形象和舒适感得到增强，我们感觉一切都在自己的控制之中。通常这是我们生活中唯一能够控制的空间，因此，就这一点而论，它满足了我们表达自我的需要，表现了我们的个性。因为，我们把家看作是避开日常生活中令人讨厌的压力的避风港或庇护所。同时，我们也保护它，让它不受无故的侵扰。

不仅每个家庭都建立自己的领地，家庭中每个成员也应该有特定的始终不受侵犯的领地。在居住空间条件允许的前提下，每个成员可以要求拥有一间完整的卧室，如果被迫与别人共用或调换时，他们会表示不高兴或不方便。即使在目前仍不具备条件的家庭或是在共享的空间里，家庭成员通常也会对属于他们个人的那一部分，如家具、衣橱、抽屉、娱乐和工作空间有领属感。边界的标志，如关闭着的门，如果未经允许的话通常不能逾越。即使在颇为狭窄的空间中，即使一张椅子也常常属于一个人，而且只属于这个人。家里餐桌座位的分配一般也是固定的，以至于座次的任何变化都会引起孩子的抗议（因为他/她常坐的位子被别人占了）。在家中人人都有自己“地盘”的情况下，这种领属习惯会使整个居住空间平静、稳定，使家庭成员的私密性心理得到满足。

4.拥挤

从环境心理学角度看，人们都希望拥有属于自己的天地。然而在现实中，却常常在无奈的条件下，被迫与别人共处于狭小的空间中，这给人们带来心理和生理上的压力。我们能容忍上下班高峰时段公共汽车和地铁里的拥挤，因为这毕竟属于暂时的过程，我们早已学会了个人空间被短时间侵犯。同时，由于人的自控能力的作用，这种心理的不适都被理性所压抑而未显现。经过长期积累，有可能对人的身心造成不利的影响。但若较长时间被困在拥挤的电梯无法出来，人的心理压力便会很快增大。常常有人在春运高峰拥挤的列车上，因环境及心理压力过大，超过了心理调节的临界点而变得精神崩溃。由此可见，不同的距离和空间模式必然给人带来不同的心理感受，那么涉及许多人与人之间距离参数的室内平面布局，也会对人们的心理产生很大的影响。

在居住空间室内设计时，若一个人坐在一个内径不到430mm的沙发中间，他可能会隐隐地甚至明显感觉不舒服。此外，当一个人夹在别人中间，前面还放着一张茶几或餐桌等，困在其中的人便会感到不舒服。如果把双人沙发与单人座椅等小一些的坐具混在一起布置，这样每个就座者的活动就可以自由些。同时，其他人可以利用大沙发或几块地板垫，按照自己的心愿决定彼此之间的距离。这样的安排可以让大多数人从心理和生理上感到舒服。

二、人的体位与空间尺度

人的体位与空间尺度是研究行为心理作用于设计的主要内容。设计师有必要对人的体位、空间尺度和室内的关系进行分析。人在室内的活动通常保持4种基本的体位，即空间站立体位、倚坐体位、平坐体位、卧式体位。不同的体位形成人的不同动作姿态，不同的动作姿态与不同的生活行为结合，就构成了每一种特定的生活姿态。这些生活姿态又决定了空间与家具的形态和尺度。

1.体位姿态

人的体位同时呈现动与静两种姿态，从站到坐再到卧是一个由动态到静态的逐次递减过程。人长期站立保持不动是非常困难的一件事，因此站立体位的主要表现是动态的走，且以下肢的活动为主。在这种姿态中，动是主要方面，静是次要方面。站立体位是与空间界面接触最小的一种姿态，因而是单位尺度空间中容纳量最大的体位；坐姿体位处于相对的静态，无论是倚坐还是平坐，活动的部分主要是上肢，要以坐姿体位实现在空间中的移动只有在交通工具或带轮的椅子上。正是由于人的坐姿体位才产生了相应的坐具，诸如椅、凳、沙发之类。倚坐体位主要指人在坐具上的姿态。平坐体位则是人在空间界面上的自然坐态。卧式体位是人体相对松弛的姿态，在这种姿态中，静是主要方面，动是次要方面。然而卧式体位却是与空间界面接触最大的一种姿态，因而是单位尺度空间中容纳量最小的体位。因此在卧室或客房的室内平面设计中，只有床的位置确定后才能考虑其他家具的摆放。

2.室内空间模数

人的体位与尺度的关系同时也反映于室内的空间模数。模数作为两个变量成比例关系时的比例常数，通常含有某种度量的标准的意义。在建筑与室内的设计中，建筑模数与室内模数所代表的内容是不尽相同的。建筑模数主要针对建筑物的构造、配件、制品和设备而言，室内模数则与人的体位状态在空间活动中的尺度相关联。按照国家标准《建筑模数协调统一标准GBJ2—86》将100mm的基本单位作为基本尺度模数，那么，室内设计的空间模数应该是100mm的3倍即300mm。这个数字的取得主要依据人的体位姿态与相关行为的尺度，同时又与室内装修材料的规格尺寸相吻合。中国成年人的平均肩宽尺寸一般在400mm左右，肩宽尺寸在4种体位的室内平面中具有典型意义，肩宽尺寸加上空间活动的余量，两侧再各增加100mm就是600mm，600mm的1/2正好是300mm。这个数字之所以能够担当室内尺度模数，与它在人的行为心理和室内的平面设计、立面设计中具有的控制力相关。

三、行为心理与空间设计

室内相对于人的空间包容性成为设计中行为心理制约的重要因素。界面围合所形成的空间氛围通过形态、尺度、比例、光色传达的信息，构成了设计所要利用的空间语言。这种空间语言包含着两种含义：一种是室内空间的物化实体与虚空自身所具有的，另一种则与人的行为心理有关。这种空间语言是人类利用空间来表达某种思想信息的一门社会语言，属于无声语言范畴。我们每个人都被一个看不见的个人空间气泡所包围。当我们的“气泡”与他人的“气泡”相遇重叠时，就会尽量避免由这种重叠所产生的不舒适，即我们在进行社会交往时，总是随时调整自己与他人所希望保持的间距。利用人的这种行为特征心理进行合理的室内空间环境设计，就成为设计中深入探讨的课题。

涉及行为心理的设计问题主要归结为距离感、围护感、光色感。一般来讲，这三种感觉的产生在室内设计的相关专业技术设计中都有相对应的物质界定：距离感对应于室内空间平面使用功能的尺度比例选择；围护感对应于室内空间竖向界面的形式；光色感对应于采光照明的类型样式。设计者一般只是注意到技术的或是审美的解决要素，而往往忽略人的行为心理要素。从严格的意义上讲，只有深入研究人的行为心理的层面，并最终实施于特定的空间，才是完整的室内设计。

（一）距离感

距离感是对个人空间领域自我保护的尺度界定。由于人体本身就是一个能量的发射场，距离人的身体越近，场的效应就越强。因此人们总是根据亲疏程度的不同来调整交往的间距，这种距离感就是一个行为心理的空间概念问题。室内本身就是空间围合的强制限定，人在室内的活动就远不如室外那么自由。尤其是公共小空间所产生的人贴人的拥挤问题，实际上已经冲破了心理空间最后的防线，像电梯或车厢之类的空间就成为此类问题产生的典型场所。人们在这种空间通常总是想方设法转移自己的注意力，例如在电梯中注视着楼层号码的闪动，在车厢里尽可能找可依靠的角落或将视线转向窗外的街景，以维持自身领域的心理平衡。距离尺度界定是一个室内设计的敏感问题，平面分区的位置、家具及形制的大小都与人的行为心理相关。我们注意到三人沙发往往只是两端坐人而中间空出，它所反映的就是这样一个问题。在每一个特定的室内场所，空间的距离感都是人心理尺度的反映，在这里一切都得适度。当然，空间并非越大越好，一旦超出了人体感应场的范围，同样会让人感到很不舒服。总之，距离感是室内设计中涉及行为心理最重要的方面。

人类学家爱德华·T.霍尔（Edward T. Hall）在人际距离研究成果中，指出了从私密到社交的空间、关系模式。人际距离是指人们在相互交往活动中人与人之间所保持的空间距离。他在《隐匿的尺度》一书中介绍了人的外感官与人际交往的空间距离。他将眼、耳、鼻称为距离型感受器官，将皮肤和肌肉称为直接型感受器官。不同感官所能反映的空间距离是不同的。

1.嗅觉距离

嗅觉只能在非常有限的范围内感知到不同的气味。只有在1m的距离以内，才能闻到从别人头发、皮肤和衣服上散发出来的较弱的气味，香水或者别的较浓的气味可以在2 ~ 3m的范围内感觉到。超过这一距离，人就只能嗅出很浓烈的气味。

这种嗅觉特性对人际行为和空间的影响表现为两种情况：当一个人闻到他感兴趣的芬芳时，不仅会引起警觉，有时还会接近；如果他闻到一股异味，如狐臭，他将拉大与他人的距离，甚至会避开。这就告诉室内设计师，在室内空间环境设计中，交往空间的家具布置要留有适当的距离，以免出现不愉快的情景。

2.听觉距离

听觉具有较大的知觉范围。在7m以内，耳朵是非常灵敏的，在这一距离进行交谈没有什么困难。大约在30m的距离，你可以听清楚演讲，但已不能进行实际的交谈。超过35m，只能听见人的大声叫喊，但很难听清他在喊什么。如果超过1km或者更远，就只能听见炮声或飞机声。

听觉特性告诉我们，在大型的接待厅中，如果大厅深度超过30m，要进行交流，就得布置扬声系统，而其交流也只能采取一问一答方式。

3.视觉距离

视觉具有相当大的知觉范围。在0.5 ~ 1km的距离之内，人们根据背景、光照，特别是人群移动等因素，便可以看见和分辨出人群。在大约100m处，能见到人影或具体的个人。在70 ~ 100m处，可以确定一个人的性别、大概年龄及其行为。这就提醒建筑师和室内设计师，在足球场设计中，70 ~ 100m远这一距离会影响足球场内观众席的布置，最远的座席到球场中心不宜超过70m。在大约30m处，通常我们可以看清每一个人，包括其面部特征、发型和年龄，当距离缩小到20m，就可以看清别人的表情。

这就告诉我们，剧场的舞台到最远的观众席不宜超过30m。如果距离在1 ~ 3m，就可以进行一般的交谈，这是洽谈室中常采用的座椅布置的距离。随着人际空间距离的缩小，人际间的情感交流也在增强。

爱德华·T.霍尔将西欧及美国文化圈中不同交往的习惯距离分为以下四种，供参考（图2-15）。

① 亲密距离（0 ~ 0.45m）。这是一种表达温柔、舒适、爱抚以及激愤等强烈感情的距离。特别是在家庭居室和私密性很强的房间里会出现这样的人际距离。

② 个人距离（0.45 ~ 1.20m）。这是亲近朋友或家庭成员之间谈话的距离。家庭餐桌上的人际距离就是这种尺度。

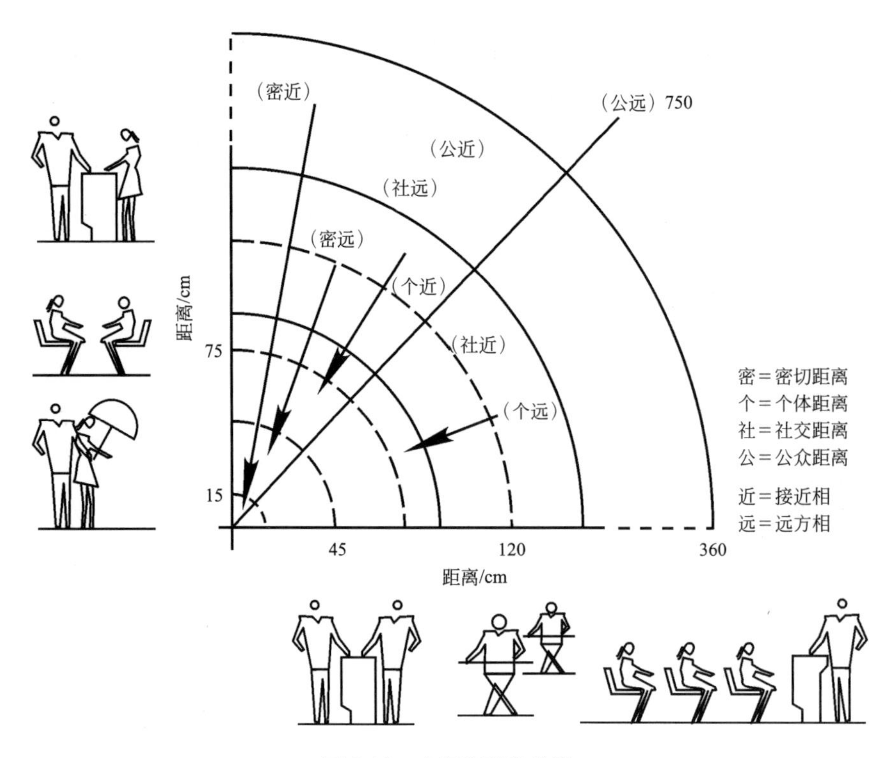

图 2-15　人际距离的分类

③ 社交距离（1.20 ～ 3.60m）。这是朋友、熟人、邻居、同事等之间日常交谈的距离。在会客室、起居室等处，就表现出这样的人际距离。

④ 公共距离（＞3.60m）。在单向交流的集会、演讲，正规而严肃的接待厅，大型会议室等处，会表现出这样的人际距离。

以上的人际距离的大小是适应不同人际行为需要的空间尺度。室内设计师可以根据人与人之间不同的行为需要，有的放矢地安排家具位置，在不同的私密程度中找到最佳环境的选择，令人际交往更为自然得体、恰如其分。例如，起居活动是家庭生活中很重要的内容。起居室是家庭活动中会客、娱乐、学习的主要场所。在这个场所里交往的人，大多数是亲朋好友和家庭成员。这种环境中的人际空间距离均不超过4m。它包括亲密距离（如抱小孩）、个人距离（如闲谈）、社交距离（如待客）。因此，这样的交往空间不宜太大，一般在20m^{2}左右就可以了。因为社交距离、娱乐距离（如看电视）是均不超过4m的距离。如果太大了，就成为公共场所，缺少亲近感。目前，国内有人主张“大厅小卧室”，这种厅已不是起居室，也不是满足家庭生活的需要，而是为了对外社交或显示自身地位的需要。当然，条件许可时（如别墅）可以设两个厅，一是交际厅，可以大一点，一般为25 ～ 35m^2；另一为起居室，20m^{2}左右。

（二）围护感

围护感是个人空间领域感的物化外延。这种渴望围护的感觉是人与生俱来的天性，最初的生存空间来自母体的围护，继而转换为襁褓的围护、摇篮的围护、栅栏童床的围护，乃至到学龄前的儿童仍然喜欢钻洞的行为。而在成人后这种围护感的获得主要来自外界物品。其围护的依赖心理主要表现在纺织品的利用方面。由于与人体接触最直接的纺织成品是服装，内衣甚至被称为第二皮肤。这是作为成人围护感获得的第一层次。但是由于服装完全与人吻合，适合于人的所有体位活动方式，在人的心理感觉上服装同属于内在的自我，完全是自我形象的物化体现。因此与人有着一定距离的家具包括室内界面与装饰织物就成为外在围护感获得的主要方面，显然它处于第二层次。我们注意到在公共餐厅用餐，大多数人总是愿意选择靠墙或靠窗的位置。会场中也总是先坐角落或靠墙边。办公桌的习惯摆放方式总是与墙成围合状的90° 夹角，背对门设置的办公桌肯定是最不受欢迎的。所有这些现象都说明围护感是设计中重要的行为心理因素。在通道与功能空间、隔断与家具尺度以及织物样式和陈设物品摆放的选择上都要予以充分的注意（图2-16、图2-17）。

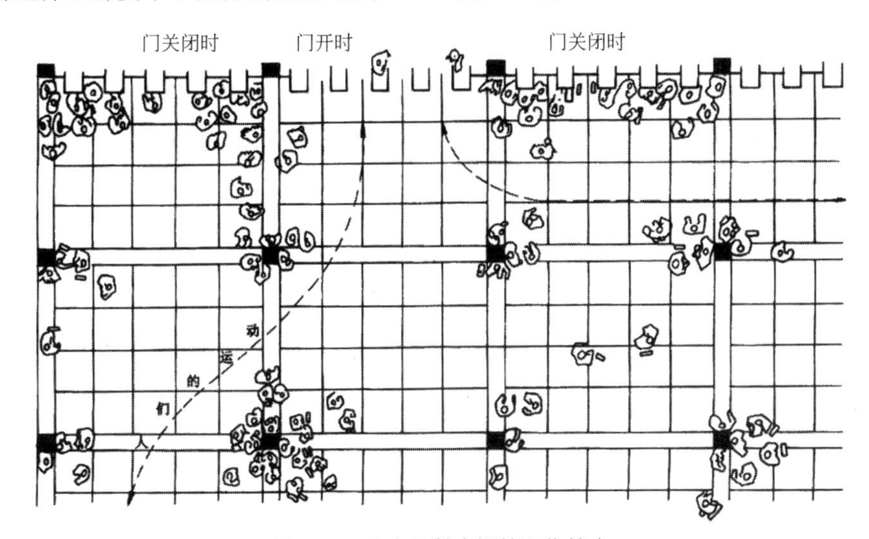

图 2-16　人在开敞空间的聚集效应

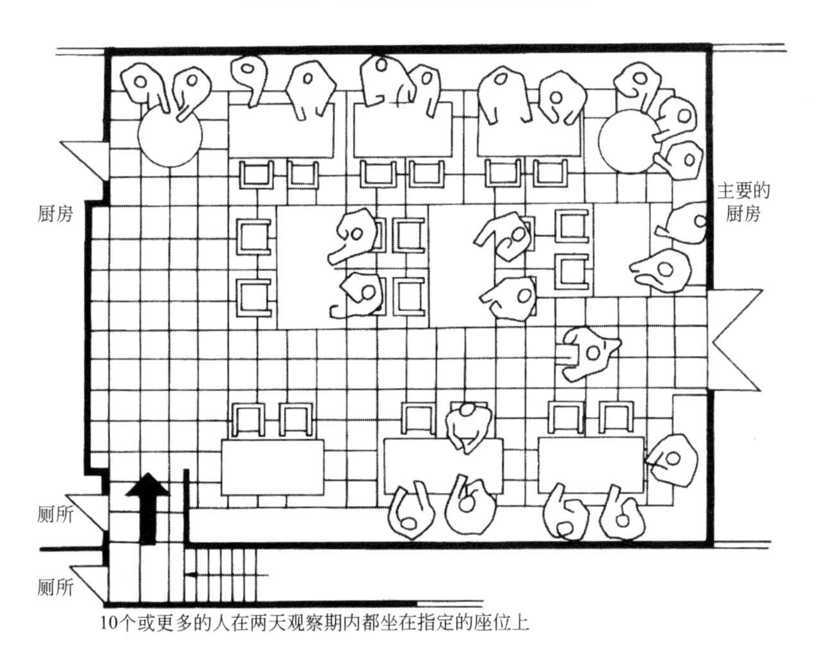

图 2-17　人在餐厅空间的聚集效应

（三）光色感

光色感是个人空间领域产生的心理限定。严格说来，一切视觉表象都是由色彩和亮度产生的。而界定形状的轮廓线，是眼睛区分几个在亮度和色彩方面截然不同的区域时推导出来的。组成三度形状的重要因素是光线和阴影，而光线和阴影与色彩和亮度又是同宗。正是因为光色感是视觉表象最直接的影响要素，因此它对人的行为心理造成的反应也是最强烈的。室内设计中光环境营造的优劣直接影响人的行为，正因为如此，光色感的控制成为室内设计关键的环节。自然的光色来自太阳光线的照射，周而复始的昼夜变化形成了明暗的交替，从而成为人体生物钟调节的依据。人的睡眠需要在黑暗的状态下进行，就是受控于由光的明暗所反映于人体的生物钟现象。有些人的生物钟现象十分敏感，只要亮着灯就绝对睡不着觉。可见光对人的行为产生的影响很大。在传统的人工照明中运用最多的是直接照明，虽然直接照明的光效率最高，但是由此产生眩光而引起的不良心理反应也最大。卧室的主要功能是睡眠，作为照明最适宜的光线是漫反射，所以按睡眠作为主要功能设计的旅店中的客房就很少设置直接照明的顶灯。改变光线照射的方式实际上就是为了迎合人的行为心理需求（图2-18）。

图 2-18　光带给我们的心理感受

由光线照射产生色彩所引发的心理感应，同样是室内设计关注的问题。人们所看到的色彩究竟以何种表象出现，不仅要取决于它在时间与空间中的位置和关系，而且还要取决于它的准确的色彩以及它的亮度和饱和度。问题在于设计中如何确定位置与关系、如何把握色彩的度量，显然只能取决于人对色彩的心理认知。一个肯定的事实是，大部分人都认为色彩的情感表现是靠人的联想而得到的。因此，红色之所以具有刺激性，那是因为它能使人联想到火焰、流血和革命；绿色的表现性则来自它所唤起的大自然的清新感；蓝色的表现性来自它使人想到水的冰冷。由于色彩的表现作用太直接、自发性太强，以至于不可能把它归结于认识的产物。所以在人对色彩反应的生理机制尚未得到完全科学证实的情况下，很难准确界定出不同人群所需的色彩评价标准。有关个人色彩感觉的测试也只能建立在主观心理感应的基础上，诸如色彩的冷暖、对色彩的喜好等。因此，室内设计色彩的选择在受到主观心理观念制约的前提下，在相当大的程度上具有一定的随机盲目性。

四、突出个性与文化

住宅是人类赖以生存的物质基础，与每一个人息息相关，直接影响着人们的生理和心理健康。随着社会的发展，人类对家居环境的要求也从“无损健康”的基本层次向“有益健康”的高层次方向发展。现在，人们已经深刻认识到生态环境是人类赖以生存和发展的基础，我国传统家居环境文化的内涵和作用又重新得到人们的普遍认同和关注，越来越多的人应用家居环境文化的理念指导和安排自己的生活。

室内家居环境要求光线充足、空气流通、空间宽敞，间隔和活动性能符合机能性及人体工程学，色彩协调柔和，家具耐用、舒适、安全，防灾、防盗设施良好，并拥有自我空间的私密性，以及满足主人的个别需求。

在传统家居环境文化中，室外家居环境文化是干，室内家居环境文化是枝，两者切不可本末倒置。如果室外家居环境的条件恶劣，室内家居环境考虑得再周详也无济于事。

（一）我国传统家居文化

传统家居环境文化是我国传统文化的一部分，起源于“大地为母”，以“天人合一”的思想作为最基本的哲学内涵。除了有慎终追远的人文精神，它还以数千年的经验作准绳。如我国明代的科学著作《天工开物》记述物的创造与未来；中医典籍《本草纲目》维护人的健康与未来；而家居环境文化则是协调人与物的和谐，并创造人的现在和未来。这些理念都是建立在我国古代人本主义宇宙观的基础上，告诉人们不应消极地顺应自然，更要求积极地顺其自然、利用自然和调谐自然，使人类与自然界万事万物和谐相生。

古人云：“与人和者，谓之人乐；与天和者，谓之天乐。”“天人之和”是一种最高境界。崇尚“和谐”成为我国传统文化的精髓，是传统家居环境文化所探索和追求的理想境界。传统家居环境文化以我国古典哲学的阴阳思想作为主导思想来认识大地和选择地形。以“气”为核心，“气论”思想成为传统家居环境文化形成和发展的重要理论支柱，“大地生气说”就是“大地有机”观的自然反映，“大地有机”说与“天人合一”说的理论，其科学性已为现代科学研究成果所证实。但是在相当长的一段时间里却被视为“迷信”或“神秘文化”而遭禁锢。在人类长期社会实践中，经历了依附自然—干预与顺应自然—干预自然—回归自然的亲身体验过程，使人类对待生态环境的认识也经历了由“听天由命”到“人定胜天”再到“天人合一”即人与“天”（大自然）和谐统一这样一个不断提高和深化的反复曲折的过程。如今人们普遍认识到生态环境是人类赖以生存发展的基础，我国传统家居环境文化终于重新获得世人的重视。

传统家居环境文化要延续其生命力，根本在于变革，即顺应时代、立足现实、坚持发展。通过与现代科学技术相结合，在传统家居环境文化理论中注入新鲜“血液”，通过“去伪存真，去粗存精，古为今用，古今结合”，才能使我国优秀的传统家居环境文化更富生命力。

（二）传统家居环境文化对环境的认识

我国传统经典著作《黄帝宅经》总论的“修宅次第法”称：“宅以形势为身体，以泉水为血脉，以土地为皮肉，以草木为毛发，以舍屋为衣服，以门户为冠带。若得如斯，是事俨雅，乃为上吉。”这极为精辟地阐明了家居与自然环境、家居与人及社会的亲密关系。

1. 传统家居环境文化认为人类具有对家居环境的顺应性

顺应性在家居环境的营造上是很重要的。人类本身对于周围的环境具有很强的顺应性。人类是一种极容易受环境支配的动物。如果要使自己的生活更理想，必须对周围的环境加以选择和整理。

这一点不只是表现在人对自然环境的顺应性上，就是在人与人之间的人际关系和人与社会之间的人文环境关系上也是一样的。人们在不同的人文环境中，会很快地顺应。了解人类的这种特征，然后加以应用，是生活所必须具备的智慧。认真地研究这种生存之道，也是人生中的一个大课题。

2. 传统家居环境文化认为住宅具有如同衣服的功能

住宅对于人类来说，可以简单地把它想象为人类一年四季用以调节体温的衣服。

如果把住宅当作家居的衣服，住宅的好坏，便很容易想象和理解了。像夏天闷热、冬季寒冷的住宅，就等于是在夏天穿冬天的衣服、在冬天穿夏天的衣服一样。按正常情况，应该不会有人在夏季穿很厚重的衣服，但是在某些住宅中却常有这种情况出现，实在是一种令人不可思议的奇怪现象。从医学的观点来看，夏天如果穿着厚重而通风不良的冬衣，会感到闷热；相反，如果冬天穿着夏天单薄的衣服，体内温暖的能量会迅速散失，人也就因此而着凉。由此，便可以得出一个结论，只有能够平衡调和大气温度变化的住宅，才是好的家居环境。

3. 传统家居环境文化认为夜晚是家中最活跃的时段

按照常理，夜晚是家人在家最多的时段，所以，夜晚被认为是家中最活跃的时段。不少人却误认为，夜间大部分时间都在睡眠，家并没有想象中的重要。但实质上，家在夜里一直担负着非常重要的角色。一般而言，白天不容易在家的人，或者不管多么喜欢外出的人，入夜后也一定得回家睡觉。因此，可以说，人的一生至少有1/3的时间是在家中度过的。

我国医学对睡眠养生非常重视，有“吃人参，不如睡五更”的说法。好的家居环境可以让在家睡觉的人免受不理想大气和环境的影响，得到完全的保护，获得良好的睡眠质量。表现在营造家居室内环境中，就是要特别重视卧室的布置和床的摆放。

4. 传统家居环境文化认为阳光是人类赖以生存的重要因素

万物生长靠太阳，阳光是孕育万物的动力和杀菌力。传统家居环境文化很重视日照，并称“何知人家有福分？三阳开泰直射中，何知人家得长寿？迎天沐日无忧愁，何知人家贫又贫？背阴之地是寒门”。民间有句谚语：“太阳不来的话，医生就来。”这充分说明人类早已认识到住宅采光的重要性。

5. 传统家居环境文化认为人与植物之间有着密不可分的关系

氧气不但存在于空气之中，水中也包含大量的氧气。同时，植物吸入空气中的二氧化碳，排出氧气（相反地，动物吸取氧气，经过体内的细胞作用后，将体内的二氧化碳排出到空气中）。氧气是人类赖以生存不可或缺的要素，正因为这个缘故，人类和植物之间就有着一种密不可分的关系。

6.传统家居环境文化认为水汽与家居环境要有平衡的关系

通常，过多的水汽对人体有不良影响。但空气中如果完全没有水汽，空气会变得很干燥，所以恰到好处的空气湿度才是最为理想的。

另一方面，水汽对人体也有益。例如，身体必须保持一定程度的水分。但过量的水分则会导致人体发冷，因此，从口中补充体内的水分是必要的，但应尽量避免从皮肤进入体内的水蒸气。

考虑水汽和家居环境的平衡关系，就要求构建或购买家居住宅时必须慎重考虑家居周围湿地范围的大小，以及四周的水池、河流流向等问题。

7.传统家居环境文化认为人类与大气的关系极为密切

大气与人类有着密切的关系。这是因为大气中包含着许多与人类生存息息相关的元素，大气随一年四季的变化而相应地有所变化。

在七八月和一二月这两个时段，氧气都较稀薄，而外界温度与人体体温有着明显的差异，所以人的健康最容易受到影响。

8.传统家居环境文化认为一年分为八季更为合理

通常一年分为春、夏、秋、冬四季。但按实际情况，一年分为八季较为恰当。即在春、夏、秋、冬之间，还有一段称为“土用”的转变时期，也就专指这四季之间的变化期。在这段变化期里，人们的适应能力较差，也是最容易发病和旧病复发的时段，如胃病患者就最容易在秋冬交替和春夏交替期间旧病复发，人类的健康及思考力在这个转变时期最容易受损。

（三）传统家居环境文化对住宅的基本要求

住宅作为家居环境的主体，在传统的家居环境文化标准中，认为它应该具备适度的居住面积、充足的采光通风、合理的湿度卫生、必要的寒暖调和、实用的功能布局、可靠的安全措施、和谐的家居环境和优雅的造型装饰八个方面的基本条件。

1.适度的居住面积

住宅面积的大小，应该和居住人数的多少成正比。人多面积少，会有拥挤的感觉，易使人心烦气躁；人少而面积大，会显得冷冷清清、孤独寂寞，会让人的心理健康受到损害。房屋的剩余空间太多，很少有人走动，就会缺少“人气”，这也就是久无人住的房子一打开时会有寒气逼人的原因所在。《黄帝宅经》早就有“宅有五虚，宅大人少为第一虚”的说法。按现代生态建筑学理论，一个成年人每小时约需30m^{3}的新鲜空气，一般情况下，居室可每小时换1 ~ 2次空气，这个新鲜空气的体积可大致认为是居室的容积，这样以每人的居室容积25 ~ 30m^{3}和我国目前流行的住宅层高2.7m左右计算，可得出每人应有居住面积为9.3 ~ 11.1m^2，达到这个标准就可以保证室内的空气质量。因此，居住面积不必过大。

2.充足的采光通风

采光和通风是两件各自独立的事，但又是优良家居环境最具代表性的主要标准。

采光是指住宅接受到阳光的程度，采光以太阳直接照射到最好，或者是有亮度足够的折射光。阳光有消毒作用，不过，如果整个房间受阳光照射，过度的紫外线反而会带来害处。夏季夕阳照射的房间，入夜仍很酷热，同样会影响身体健康。

通风是一个十分重要的问题，许多不理想的住宅，往往通风不良。特别是钢筋混凝土住宅，本来就无法自行调节湿度，住宅中的房间空间又小，稍不注意通风，容易因湿度过大而使身体小病不断。

3.合理的湿度卫生

现代城市里患风湿病的人愈来愈多，这都是由室内过于潮湿而引起的。浴厕、厨房是容易产生水汽的地方，如果通风不良，往往造成湿度过大，且浴厕、厨房、垃圾桶处都易孳生细菌，会危害人体健康。

4.必要的寒暖调和

在家居环境中，必要的寒暖调和住宅对于人来说，有如同衣服的功能。住宅的结构必须能适应春、夏、秋、冬四季的变化。

要使住宅具有冬暖夏凉的功能，必须有合理的设计。如果住宅的冷暖设备配置不当，会使人的新陈代谢变得不合理，甚至会造成体力损耗过大而导致功能衰退。因此，最好以人体的体温为准配置冷暖调节设备，以此来调和住宅里温度的变化。

5.实用的功能布局

住宅虽然是供人居住的，但人是主体，住宅是附属品。住宅的布局一定要功能合理、使用方便，符合人的生活习惯和家居的行为轨迹。与此同时，也还应该考虑到方便接受自然的恩惠，能够与人和谐统一，达到“天人合一”“人与自然共存”。因此，住宅除了方便使用外，还要合理地活用自然给予的恩惠，只有同时考虑到这两点，才能具有真正的合理性。同时，如果设计只重视眼前短期行为的实用性，而不考虑与自然和谐的可持续发展性，那么，就很容易造成顾此失彼的结果。

6.可靠的安全措施

安居才能乐业，安全是住宅的一个关键。住宅安全除了在结构设计和施工中对住宅的结构、抗震和消防等有周密的充分考虑外，还应该考虑防灾问题。住宅的防灾应包括防止火灾、盗窃以及家人不慎跌撞等方面。

目前，人们把住宅安全的注意点几乎都集中在防盗问题上，安装防盗门已成为住宅装修必不可少的内容。与此同时，几乎家家都做了封闭阳台，并在所有窗户上安装了各式各样的防盗网，使得住宅变成了鸟笼，这虽然安全了，但忽略了火灾发生时人们逃生的通道。因此，在考虑防盗的同时，也应考虑到防火等的避难和救难问题。住宅中的阳台防盗设施一定要加设便于避难的太平门，否则发生灾难和紧急事故时，将会难料后果。这也就是传统家居环境文化指出住宅必须要有两个门的原因所在。

7.和谐的家居环境

家居室外环境可分大环境和小环境。大环境指的是住宅所在区域，而小环境即住宅邻近周围的环境。“人杰地灵”以及“孟母三迁”“远亲不如近邻”“百万买宅，千万买邻”等故事都充分说明了家居室外环境与人有着密切的关系，空气清新、绿树成荫、鸟语花香、莺歌燕舞以及邻里关怀构成和谐的家居环境，这是人们所向往的，也是人类生存的共同追求。

8.优雅的造型装饰

优雅的造型是住宅的外观，而装饰则是住宅内部的装修和陈设。住宅的造型和装饰不仅应给人以家的温馨感，而且还应该具有文化品位。住宅立面造型单调和呆板会令人感到枯燥乏味，而矫揉造作又会令人心烦意乱。住宅内部的装饰，如果布置得像咖啡厅、酒吧和灯红酒绿的舞厅，则会让家人染上庸俗的不良习气。

一般人很容易将优雅和奢侈混在一起，其实两者是有差异的。虽然作为家居场所的住宅不一定要奢侈，但优雅却是不可或缺的条件。这是因为人是精神性的动物，如果想要拥有充沛的体力和蓬勃的生气，借助家居的优雅氛围来培养是一个很好的方法。

善于利用室内装饰设计和色彩的调配，以及家具用品的配置，可以在相当程度上改善住宅的室内环境，营造温馨的家居气息。

第四节　居住空间的设计风格

室内设计的风格与流派属于室内环境中的艺术造型和精神功能范畴。室内设计的风格和流派通常与建筑、家具的风格和流派紧密结合，有时还与室内设计所处时期的文学、绘画、造型等艺术的风格和流派有关。

对于居住空间室内的设计风格，由于时期、地区、文化传统、信仰和生活方式不同，呈现出丰富多彩的风格和形式，基本上可以分为中国传统建筑的室内风格、西方传统建筑的室内风格和现代建筑的室内风格。

中国传统风格在整个设计史上独树一帜，在长期历史演进过程中始终保持着连贯性，代表着中国传统文化的精髓，具有庄重、规整和典雅的特点，洋溢着淳厚规矩的礼教精神；而西方传统风格具有豪华、典雅、神圣、浪漫、宏伟的特色，包括古典风格、中世纪风格、文艺复兴风格；19世纪后出现的“包豪斯运动”使现代设计得到了空前的发展，现代主义的设计强调功能性，设计风格理性而简洁，20世纪60年代产生了后现代的风格，追求人情味和设计形式的多样化，使建筑和室内设计向多元化发展。目前住宅的风格种类繁多、形式多样，融中西为一体，聚古今为一室。

一、中式古典风格

中式古典风格，一是以皇族宫廷建筑风格为代表的中国古典室内设计艺术风格，气势宏博、华美壮丽、雕梁画栋、金碧辉煌；二是以中国园林和民间贵族宅院为蓝本、造型讲究对称、色彩讲究对比的风格，肌理材质是该风格的主要装饰材料，图案配饰中多吉祥图案等，精雕细琢、瑰丽奇巧（图2-19）。

图2-19　中式古典风格

二、西方古典风格

西方古典风格包括古埃及风格、古希腊风格、古罗马风格、巴洛克风格、洛可可风格、哥特式风格、新古典主义风格等，室内注重柱式与艺术的表达，大多使用花饰图案或几何图案线脚来装饰空间中各界面的转折处，使得空间层次丰富。例如，位于意大利罗马的万神殿，这是至今完整保存的唯一一座罗马帝国时期建筑（图2-20）。

图2-20　西方古典风格

1.巴洛克风格

“巴洛克”是一种风格术语，指自17世纪初至18世纪上半叶流行于欧洲的主要艺术风格。“巴洛克”一词的原意含有不整齐、扭曲、怪诞的意思。巴洛克建筑风格在中欧一些国家非常流行，尤其是在德国和奥地利。

巴洛克风格的特点是运用曲面、波折、流动、穿插等灵活多变的手法来创造特殊的艺术效果，以呈现神秘的宗教气氛和美感。巴洛克风格强调力度、变化和动感，强调建筑、绘画、雕塑以及室内环境等的综合性，突出夸张、浪漫、激情、非理性、幻觉、幻想等特点，多使用各色大理石、宝石、青铜、金等进行装饰（图2-21）。

图 2-21　巴洛克风格

2.洛可可风格

“洛可可”一词来源于法语，原指岩石和贝壳，后代表一种装饰风格。洛可可风格18世纪20年代产生于法国，后流行于欧洲，比巴洛克风格的线条更轻快、更纤细、更繁琐，倾向于为欧洲宫廷建筑所使用，多运用贝壳的曲线，是在巴洛克风格的基础上发展起来的一种纯装饰风格样式。

虽然不像巴洛克风格那样色彩强烈、装饰浓艳，但装饰要复杂得多，总体特征是轻盈、华丽、精致、细腻。室内装饰造型高耸纤细、不对称，频繁使用形态方向多变的如“C”“S”、涡卷形曲线或弧线等线条，并常用大镜面作装饰，大量运用花环、花束、弓箭及贝壳图案；善用金色和象牙白，色彩明快、柔和、豪华富丽。室内装修造型优雅，制作工艺、结构、线条具有婉转、柔和等特点，可创造出轻松、明朗、亲切的空间环境（图2-22）。

图 2-22　洛可可风格

图2-23　哥特式风格

3. 哥特式风格

哥特式建筑11世纪下半叶发源于法国，13 ~ 15世纪在欧洲各地流行开来。因其拱券高耸尖锐，主要适用于教堂类型建筑。哥特式建筑以其高超的技术和艺术成就在建筑史上占据重要地位。

哥特式风格因其尖券、尖形肋骨交叉拱、飞扶壁、束柱、花窗棂、彩色镶嵌玻璃窗和高耸的塔尖等构成鲜明的特征，故又称为“高直风格”。哥特式风格的彩色玻璃窗饰非常著名，窗饰用彩色玻璃镶嵌，色彩以蓝、深红、紫色为主，达到12色综合应用，斑斓富丽、精巧迷幻（图2-23）。

4. 新古典主义风格

新古典主义风格以尊重自然、追求环境空间质地的真实、复兴古代的艺术形式为宗旨，特别是古希腊、古罗马文明鼎盛期的艺术风格。风格上或庄重、严肃，或优美、典雅，但又并不照搬古典的艺术形式，以摒弃抽象、绝对的审美概念和贫乏的艺术形象而区别于16 ~ 17世纪传统的古典主义。新古典主义风格还将现代家具、石雕等艺术元素带进了室内陈设与装饰之中，拉毛粉饰与大理石的灵活运用，使得室内装饰更讲究材质的变化和空间的整体性（图2-24）。

图2-24　新古典主义风格

三、现代主义风格

现代主义风格起源于包豪斯设计学院（1919年成立于德国），它主张富有新意的简约装饰，室内空间设计简朴、清新，更易贴近人们的生活。这种来自设计学院的风格，强调采用新材料、新结构，创造新功能，注重在室内设计中坚持艺术与技术的统一，坚持遵循自然法则，坚持以人为设计目的的现代设计理念，并强调设计与实践生产的关系。现在，广义的现代主义风格也可泛指造型简洁新颖、具有时代感的建筑形象和室内环境（图2-25）。

图 2-25　现代主义风格

包豪斯学派的创始人格罗皮乌斯对现代建筑的观点是非常鲜明的，他认为“美的观念随着思想和技术的进步而改变”“建筑没有终极，只有不断的变革”“在建筑表现中不能抹杀现代建筑技术，建筑表现要应用前所未有的形象”。包豪斯学派注重展现建筑结构的形式美，探究材料自身的质地和色彩搭配的效果，实现以功能布局为核心的不对称非传统的构图方法。所以，现代主义风格具有简洁造型、无过多装饰、推崇科学合理的构造工艺、重视发挥材料性能的特点。

早期现代主义建筑风格的代表人物是格罗皮乌斯、勒·柯布西耶、密斯·凡·德·罗和赖特。当代著名建筑师贝聿铭和安藤忠雄都学习、借用了现代主义风格的形式，对其既有批判又有发展，在建筑界极受推崇。

现代主义风格的分支很多，不同国家（地区）都有其自身特点，这种风格形式在世界范围内大量存在，其简单的几何造型便于大批量加工生产，能很有效地节省材料，降低施工难度并缩短工时。

四、其他风格

1. 日式风格

日式风格的造型元素简约、干练，色彩平和，以米黄、白等浅色为主。室内家具小巧单一，尺度低矮，追求一种悠闲、随意的生活意境。空间造型极为简洁，在设计上采用清晰的线条，空间划分极少用曲线，具有较强的几何感。居室的地面（草席、地板）、天花板木构架、白色窗纸，均采用天然材料。门窗框、天花、灯均采用格子分割，手法极具现代感。室内装饰主要为日本式的字画、浮世绘、茶具、纸扇、武士刀、玩偶及面具，更有甚者直接用和服来点缀室内，色彩浓烈、单纯，室内气氛清雅淳朴（图2-26）。

图 2-26　日式风格

日式风格采用木质结构，不尚装饰，简约朴素。其空间意识极强，形成“小、精、巧”的模式，利用檐、龛空间，创造特定的幽柔润泽的光影。明晰的线条、纯净的壁画、卷轴字画等极富文化内涵，室内宫灯悬挂，格调简朴高雅。日式风格的另一特点是屋、院通透，人与自然统一，注重利用回廊、挑檐，使得回廊空间敞亮、自由。

2.欧式乡村风格

欧式乡村风格主张艺术美回归自然，美学上推崇自然美，认为只有崇尚自然、结合自然，才能在当今高科技快节奏的社会生活中获取生理和心理的平衡。因此力求表现悠闲、舒畅、自然的田园生活情趣。

欧式乡村风格重在对自然的表现，但不同的田园有不同的自然，各有各的特色，各有各的美丽。欧式乡村风格主要分英式和法式两种。前者的特色在于华美的布艺以及纯手工的制作。纯手工的碎花、条纹、苏格兰格，每一种布艺都乡土味道十足。后者的特色是家具的洗白处理及大胆的配色。家具的洗白处理能使家具呈现出古典美，而红、黄、蓝三色的搭配，则显露着土地肥沃的景象，椅脚被简化的卷曲弧线及精美的纹饰也是法式优雅乡村生活的体现（图2-27）。

图 2-27　欧式乡村风格

3. 地中海风格

地中海是连接不同国家、不同民族之间的精神纽带，它赋予了沿岸居民从容闲散的生活步调。充足的光照不仅给人们带来明媚的心情，更影响着当地的建筑风格。由于远离喧嚣的城区，享受成为生活的主题。这一切的地域特征都令地中海沿岸的室内家居风格自成体系。

风景越美的地方，建筑风格越简单。典型的地中海风格的室内设计由白灰泥墙、圆形拱门及回廊组成，通常采用数个连接或垂直交接的方式，给人以延伸般的透视感；色彩上，典型的蓝白色调搭配，配以铁艺、陶砖、马赛克等（图2-28）。

图 2-28　地中海风格

思考与练习

思考题目：分别分析青年独居、普通三口之家的居住空间中设计案例，思考不同人群的行为特征和心理需求是通过哪些设计手段实现的？

训练题目：选取所在城市，根据儿童、成年人、老年人三类群体对居住空间的心理需求，查阅相关资料，归纳整理三类群体生活行为中空间、设施、家具的数据并绘制表格。

INTERIOR DESIGN OF LIVING SPACE

居住空间室内设计

第三章 居住空间的功能设计

学习目标

熟悉住宅内各功能空间的设计要点。

技能目标

通过本章内容的学习，能够充分理解不同居住空间的功能要求和设计目的，有效地把握人、空间、家具之间的尺度，利用各空间的设计原理，更好地指导设计任务。

素质目标

树立细致全面的工作态度，培养质量意识、环保意识和良好的工作习惯。

居住空间的设计是一种人类创造和提高自己生存环境质量的活动。人类改变客观世界的能力在不断地提高，对居住环境质量的要求也越来越高，居住空间的环境设计也随之变得越来越丰富多彩了。通常情况下，居住空间的体量是根据房间的使用功能要求来确定与划分的，对于一般的居住空间来讲，应根据尺寸进行分区设计。

居住空间，顾名思义以居为先；居以人为先，即居住空间的设计应该以满足人的需求为首要条件。通常把居住空间分为五大部分：起居室、卧室（主卧、次卧、儿童房、客房）、餐厅、厨房、卫生间（主卫、次卫）。在现代住宅设计中，也处处体现着居住的舒适性和人性化。

随着生活水平的提高，居室除了满足“居”的需要外，还要附带一定的学习和休闲功能。书房、门厅（玄关）、客房、休闲室、储藏室、工人房、洗衣房、阳台、走廊等都被充分利用了起来，这些生活场所由于其功能空间的组成条件和家庭追求而各具特点。从发展趋势来看，居住空间的组织越来越灵活自由。建筑提供的空间框架一般是厨房和卫生间为固定位置，其他功能空间基本为开间结构布局，从而为不同的业主和设计师在根据家庭所需及设计创新中进行组织结构、空间划分、个性展现提供了条件。

下面将以沈阳山石空间设计咨询有限公司“三江源”别墅项目为参考资料，了解居住空间各部分的功能设计。

第一节　门厅的室内设计

门厅作为居住空间的起始部分，是住宅入口的室内过渡空间，也是由户外进入户内的过渡空间，它主要是起由室内到室外的缓冲和过渡作用，日常可以遮挡视线和防止冷空气直接进入室内，还有利于雨天存放雨具或脱挂雨衣、日常脱挂大衣或外套、进入房内时换鞋等，如有需要还可以在进口处放一些包、袋等小件物品，还有的是利用组合柜分别放置不同的物品，以方便出门和入室之用。小面积的住宅常利用进门处的通道或在起居室入口处一角做适度的安排，作为起居室的一个部分来处理。而一些面积比较大的居住空间，如较好的公寓、别墅等住宅常在入口处设门斗或门厅，在这个过渡性的空间里，常常设置鞋柜、挂衣柜和储藏柜等（图3-1）。

图3-1　门厅

所以，在设计中必须要考虑其实用因

素和心理因素。其中应包括适当的面积、较高的防卫性能、合适的照度，利于通风，有足够的储藏空间、适当的私密性以及安定的归属感。

门厅的储藏功能时常被忽视或处理不周，在门厅一般只设置鞋柜，这是不够的。在门厅中还要存放外出时经常使用的一些物品，不仅是为了方便，更是为了卫生。雨伞、大衣、帽子、手套、运动用品等物品也需存放在门厅。大衣类的存放空间要考虑客人的余量。对于门厅的收藏空间设计要在详细研究居住者与物品的关系后，选择利用率高的方式。

随着人们生活水平和装饰要求的提高，人们越来越重视门厅作为室内环境的第一印象的美观性，对门厅的顶棚造型、照明安排、家具造型、装饰手法、陈设品和绿化的设置都有了更高的设计要求。

第二节 起居室（客厅）的室内设计

一、起居室的空间功能分析

起居室是居住空间中的公共区域，是家庭群体生活的主要活动空间。起居室是具备家人团聚、起居、休息、会客、娱乐等多种功能的居室，是居室设计的重要区域。起居室靠近门厅或分户门，直接或经过内走道与卧室、书房、浴厕等相通，是住宅的核心用房和交通枢纽。根据住宅的面积标准，有时兼有用餐、工作、坐卧、学习的功能。因此，起居室是住宅中使用率最高、人员活动最为集中的空间，在设计中要特别注意起居室对整个居住空间环境的作用和影响（图3-2）。

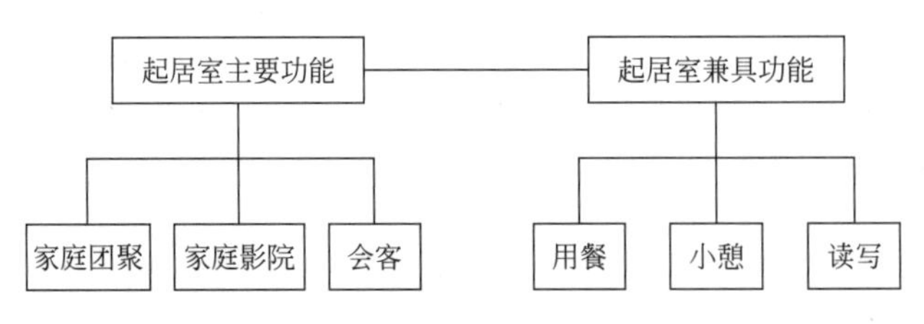

图3-2　起居室功能图

从图3-2中我们可以发现，起居室几乎涵盖了家庭中80%的生活内容。同时，它也成为家庭与外界沟通的一座桥梁。起居室中的活动是多种多样的，其功能是综合性的，起居室内主要活动内容包括以下几方面。

1. 家庭聚谈休闲

起居室首先是家庭团聚交流的场所。一般是通过一组沙发或座椅的巧妙围合形成一个适宜交流的场所。场所的位置一般位于起居室的几何中心处，以象征此区域在居室的中心位置。以前，在西方起居室是以壁炉为中心展开布置的，温暖而装饰精美的壁炉构成了起居室的视觉中心。而现代，壁炉由于失去功能，已变为一种纯粹的装饰或被电视机取而代之了。家庭的团聚围绕电视机展开休闲、饮茶、谈天等活动，形成一种亲切而热烈的氛围（图3-3）。

图3-3 客厅

2.会客

起居室往往兼顾了客厅的功能，是一个家庭对外交流的场所，是一个家庭对外的窗口。在布局上要符合会客的距离和主客位置上的要求，在形式上要创造适宜的气氛，同时要表现出家庭的性质及主人的品位，达到微妙的对外展示的效果。在西方发达国家客厅是单独设置的，比较正式。在我国传统住宅中，会客区域是方向感较强的矩形空间，视觉中心是中堂面和八仙桌，主客分列八仙桌两侧。而现代的会客空间的格局则要轻松得多，它的位置随意，可以和家庭聚谈空间合二为一，也可以单独形成亲切会客的小场所。围绕会客空间可以设置一些艺术灯具、花卉、艺术品以调节气氛。会客空间随着位置、家具布置及艺术陈设的不同，可以形成千变万化的空间氛围（图3-4）。

3.视听

听音乐和看电视是现代人们生活中不可缺少的部分，西方传统的起居室中往往给钢琴留出位置，而我国传统住宅的堂屋中常常有听曲、看戏的功能。人们的生活随着科学技术的发展也在不断变化着，收音机的出现曾一度影响了家居的布局形式，而现代视听装置的出现对其位置、布置以及与居住空间的关系提出更加精密的要求。电视机的位置与沙发座椅的摆放要协调，以便坐着的人都能看到电视画面。另外，电视机和窗户的位置也有关系，要避免逆光以及外部景象在屏幕上形成的反光对观看质量产生影响（图3-5）。

图3-4 会客区

图3-5 客厅和会客区

4.娱乐

起居室中的娱乐活动主要包括玩棋牌、唱卡拉OK、弹琴、玩游戏机等消遣活动。根据主人的不同爱好，应当在布局中考虑到娱乐区域的划分，根据每一种娱乐项目的特点，以不同的家具布置和设施来满足娱乐功能要求。如卡拉OK可以根据实际情况，单独设立沙发、电视，也可以和会客区域融为一体来考虑，使空间具备多功能的性质。而棋牌娱乐则需有专门的牌桌和座椅，对灯光照明也有一定的要求，一般棋牌娱乐家具的布置，根据实际情况也可以处理成和餐桌餐椅相结合的形式。游戏的环境则较为复杂，应视具体种类来决定它的区域位置以及面积大小。如有些游戏可利用电视来玩，那么聚会空间就可以兼做游戏空间，有些大型的玩具则需较大的空间来布置。

5.阅读

在家庭的休闲活动中，阅读占有相当大的比例，以一种轻松的心态去浏览报纸、杂志或小说对许多人来讲是一件愉快的事情，这些活动没有明确的目的性，时间很随意、很自在，因而也不必在书房进行。这部分区域在起居室中存在，但其位置并不固定，往往随时间和场合而变动。比如，白天人们喜欢靠近有阳光的地方阅读，晚上则希望在台灯或落地灯旁阅读，而伴随着聚会所进行的阅读活动形式更不拘一格。阅读区域虽然说有其变化的一面，但其对照明的要求和座椅的要求以及存书的设施要求也是有一定规律的，我们必须准确地把握分寸。

二、起居室设计要点

1.主次分明、相对独立

从我们对起居室室内功能进行的分析和陈述可以看出起居室是一个家庭的核心，可以容纳多种性质的活动，可以形成若干个区域空间。但是有一点要注意的是，在众多的活动区域之中有一个区域是主要的，以此形成起居室空间的核心。在起居室中通常以聚谈、会客空间为主体，辅助以其他区域而形成主次分明的空间布局。而聚谈、会客空间往往是以一组沙发、座椅、茶几、电视柜围合而形成，同时可以以装饰地毯、天花板造型以及灯具来呼应以达到强化中心感的目的。

实际中常常遇到的另一个棘手的问题是起居室常常直接与户门相连，甚至在户门开启时，楼梯间的行人可以对起居室的情况一目了然，严重地破坏了住宅的“私密性”和起居室的“安全感”“稳定感”。而且在起居室兼餐厅使用时，客人的来访对家庭生活影响较大。因此，在室内设计时，宜采取一定措施进行空间和视线分隔。在门厅和起居室之间应设屏门、隔断或利用隔墙或固定家具形成的交点，当卧室门或卫生间门和起居室直接相连时，可以使门的方向转变一个角度，以增加隐蔽感来满足人们的心理需求。

2.注意起居室的形态特征

随着建筑业的迅速发展，居住空间的结构发生了很大的变化，起居室呈现出了三种基本形式。首先是静态封闭式的起居室空间，这种形式的起居室室门封闭感强，使人感到亲切和私密；其次是动态宽敞式的起居室空间，其主要特点是墙少，与外部联系大，大面积使用玻璃墙，使人感到宽敞、明快；最后是虚拟流动式的起居室空间，这是一种无明显界面又有一定范围的建筑空间，它的范围没有十分完整的隔离形态，并缺乏较强的限定度，只靠部分形体的启示和联想来划分空间。

3.起居室的通风防尘

要保持良好的居住空间室内环境，除视觉美观以外，还要给居住者提供洁静、清新、有益健康的室内空间环境。保证室内空气流通是这一要求的必要手段。空气的流通一种是自然通风，一种是机械通风，机械通风是对自然通风不足的一种补偿。在自然通风方面，起居室不仅是交通枢纽，而且常常是室内组织自然通风的中枢。因而，在室内布置时，不宜削弱此种作用，尤其是在隔断、屏风的设置上，应考虑到它的尺寸和位置不可影响空气的流通。而在机械通风的情况下，也要注意避免因家具布置不当而形成的死角对空调功效产生影响。

防尘也是保持室内清洁的重要手段。国内住宅中的起居室常常与入户门直接相连，既带有门厅的功能，同时又直接联系卧室起过道作用。为防止灰尘入户进入卧室，应当在起居室和户门之间处理好防尘问题，可采取的措施有门的密封、地面加脚垫、增加适当的隔断或过渡空间等。

三、起居室的装修陈设设计

居住空间环境的氛围是由建筑的地面、墙体、顶棚、门窗等基本要素构成的空间整体形态及尺度，加上采光、照明、空调、通风等设备的设计与安装共同营造完成的。装修构造是围合组成空间的界面结构，换句话说是空间界面的包装。装饰陈设是对已装修完毕的界面进行的附着于其上的布置以及空间中的活动物品的点缀与布置。

我国目前的住宅建设现状是空间的高度受到很大限制，一般在2.8m左右。在大多数情况下，空间环境的界定在建筑设计时已完成，留给室内设计发展的余地很小，不宜再进一步地分隔、包装，从而给我们提出一个问题，那就是在目前的情况下，居住空间室内设计的重点应放在何处，是以装修为主还是以陈设为主。其实装修和陈设之间的关系是辩证统一的关系，装修有一定的技术性和普遍性，而陈设则表现在文化性和个性方面，可以说，陈设是装修后进一步的升华。

从设计原理而言，室内设计中的装修和陈设之间不能一刀切式地划分，它们之间的很多联系是相辅相成的。装修的风格制约着陈设，而陈设有时对装修又起着很大的辅助和影响作用。不同的民族、地域有不同的传统特点和思维习惯，而每个居室不同主人的审美要求和文化品位更是千差万别。设计师如果试图单独以装修的手段来表现或满足各种户主的要求，代价将是昂贵的，而且是不可能的。装修与陈设的主次关系往往随着空间的变化而发生变化。在我国目前的居住环境的结构条件下，把陈设提到一个较高的位置上来无疑会使设计师的思路更加开阔、手法更加丰富，作品也会更加有生命力。

（1）空间界面处理

① 顶棚。起居室的顶棚由于受住宅建筑层高度的限制，设置吊顶及灯槽都有一定的困难，因此应以简洁的形式为主。

② 地面。起居室地面材质选择余地较大，可以用地毯、地砖、天然石材、木地板、水磨

石等多种材料。使用时，应对材料的肌理、色彩进行合理选择，而像公共空间中那样利用拼花的千变万化强化视觉的做法应慎用，地面的造型也可以由不同材质的对比来实现变化。

③ 墙面。起居室的墙面是起居室装饰中的重点部位，因为它面积大，位置重要，是视线集中的地方，对整个室内风格、式样及色调起着决定性作用，它的风格也就是整个室内的风格。因此，起居室墙面的装饰是很重要的方面。设计时，首先应从整体出发，综合考虑室内空间中门、窗位置以及光线的配置，色彩的搭配和处理等诸多因素，起居室墙面及整个室内装饰和家具布置背景起衬托作用，因此装饰不能过多过滥，应以简洁为好，色调最好用明亮的颜色，使空间明亮开阔。同时，应该对一个主要墙面进行重点装饰，以集中视线，表现家庭的个性及主人的爱好。西方传统起居室是以壁炉为中心的主要墙为重点进行装饰的。同时壁炉上摆放小雕塑、瓷器、肖像等工艺品，壁炉上方悬挂绘画或浮雕、兽头、刀剑、盾牌等进行装饰，有的还在墙面上做出造型。而我国传统民居中应以正屋一进门的南立面为装饰中心，悬挂中堂、字画、对联、匾额，有些还做出各种落地罩、隔扇或设立屏风等进行装饰以强调庄重的气氛。

（2）陈设处理

① 起居室的陈设艺术风格。

任何一个起居室，其风格都反映着整个住宅的风格。装修的风格，因空间、地域、主人的喜好而迥异，导致陈设手法也大相径庭。在室内设计中，装修的风格有欧式、中式、古典、现代之分。

在欧式风格中，陈设应以雕塑、金银、油画等为主；在中式风格中，陈设应以瓷器、扇、字画、盆景等为主。古典风格的起居室，陈设艺术品大多制作精美、比例典雅、形态沉稳，如古典的油画、华丽的餐具、精巧的烛台，而现代的起居室中的陈设艺术品则色彩鲜艳，讲求反差、夸张。

② 起居室陈设艺术品的种类。

可用于起居室中的装饰陈设艺术品种很多，而且没有定式。室内设备、用具、器物等只要适合空间需要及主人情趣爱好，均可作为居室的装饰陈设。装饰织物类是室内陈设用品的一大类别，包括地毯、窗帘、陈设覆盖织物、靠垫、壁挂、顶棚织物、布玩具、织物屏风等。如今，织物已渗透到室内设计的各个方面，由于织物在室内的覆盖面大，所以它对室内气氛、格调、境界等起很大作用。织物具有质地柔软的特性，所以它又能相当有效地增加舒适感。在起居室中，地毯可以划分出会客聚谈的区域，以不同的图案创造不同的区域氛围。壁毯又能在墙面上形成中心使人产生无穷的想象。沙发座椅上的小靠垫则往往以明快的色彩，调节着色整体节奏。同时织物的吸声效果很好，有利于创造安静的环境。

可应用于起居室中的艺术陈设品还包括灯具、家具、动物标本、壁画、字画、油画、钟表、陶瓷、面具、青铜器、古玩、书籍以及一切可以用来装饰的材料，如石头、细纱、铁艺、彩绘等。

当然，面对如此多的选择，设计者应保持冷静清醒的头脑，陈设用品的选择要与室内设计整体风格相协调一致，否则会使起居室有种凌乱的感觉。室内设计在满足功能的前提下，是各种室内物体的形、色、质、光的组合，这个组合是一个非常和谐统一的整体。在整体之中每一种要素必须在总体的艺术效果的要求下，充分展现自然的魅力，共同创造出一个使用效率高、艺术品位高的起居室空间环境。室内陈设物品的选择与设计必须有整体的观念，不能孤立地评价物品材质的优劣，而关键在于看它是否能融入起居室整体环境。搭配得当的话，即使是粗布乱麻，也能使室内生辉。而如果品格相差甚远，选择不当，哪怕是金银珠宝，也只能是一种堆砌，显得多余累赘。

③ 陈设艺术品的摆放位置。

首先我们将众多的陈设归为实用型和美化型两类，比如艺术灯具造型，它有实用的照明功能兼具美观作用；又如精致的烟灰缸，它为主人和客人提供了盛放烟灰的空间，同时其造型又为区域空间增加了情趣。古典的家具在现代生活空间中既有实用的功效，又具展示的效果。这类陈设的布局应从使用功能出发，根据室内人体工程学的原则，确定其基本的位置，如灯具位置的高低不能影响其照明功效，烟灰缸的位置能令使用者很方便地使用。家具的摆放既符合起居室中家具布置的一般原则，又要使其位于显眼处，以发挥其展示功能。

另一类陈设则属于纯粹视觉上的需求，没有实用的功能，它们的作用在于充实空间、丰富视觉。如墙面上的字画、油画作用在于丰富墙面，瓷器主要用于充实空间，玩具用来增添室内情趣。这类陈设的位置则要从视觉需要出发，结合空间形态来设置。同时，起居室空间中虽然拥有多种多样的陈设，但也必须遵循对立统一原则来合理配置，即设立主要的统率全局的陈设和充实、丰富空间的小陈设。主要的陈设往往位于起居室空间中醒目位置，起视觉中心的作用；而次要和从属性的陈设则摆放比较随意，主要是依据其造型所表达的性质来和区域空间配套。

第三节　卧室的室内设计

一、卧室的空间功能分析

卧室是住宅中对私密性要求最高的空间。一方面，它要使人们能安静地休息和睡眠，还要减轻铺床、收床等家务劳动，更要确保生活私密性。另一方面，又要合乎休闲、梳妆及卫生保健等需求，同时也要求功能性和艺术性相结合，以此来满足人们生理与心理的需要。

卧室的主要功能即人们休息、睡眠的场所，人们对此始终给予足够的重视。首先，卧室的面积大小应当能满足基本的家具布局，如单人床或双人床的摆放以及适当的配套家具（衣柜、梳妆台等的布置）。其次，要对卧室的位置给予恰当的安排，睡眠区域在住宅中属于私密性很强的空间，因而在建筑设计的空间组织方面，往往把它安排于住宅的最里端，要和门口保持一定的距离，同时也要和公用空间保持一定的间隔关系，以避免相互之间的干扰。另一方面在设计的细节处理上，要注重卧室的睡眠功能对空间光线、声音、色彩、触觉上的要求，以保证卧室拥有高质量的使用功能。

随着人们居住条件的大幅度提高，卧室的位置和私密性得到了较好的尊重。比如，住宅设计界曾提出“大厅小卧室”的设计模式，就是一种对卧室空间的重新认识和起码的尊重。进入21世纪，人们对卧室的空间模式提出了更高的要求。除了位置上的要求外，卧室的配套设施以及空间大小也都在不断提高与扩展，卧室的种类也在不断细化，如主卧室、子女卧室、老人卧室、客人卧室等功能的细化对卧室空间室内设计提出了更高的要求。它要求设计师从色彩、位置、家具布置、使用材料、艺术陈设等多方面入手，统筹兼顾，使不同性质的卧室在形象上有其应有的定位关系和形态、特征。

二、卧室的种类及要求

（一）主卧室

主卧室是房屋主人的私人生活空间。它不仅要满足双方情感与志趣上的共同理想，而且也必须顾及夫妻双方的个性需求。高度的私密性和安定感，是主卧室布置的基本要求。在功能上，主卧室一方面要满足休息和睡眠等要求，另一方面它必须合乎休闲、梳妆及卫生保健等综合要求。因此，主卧室实际上是具有睡眠、休闲、梳妆、储藏等综合实用功能的活动空间。

睡眠区位的布置要从夫妻双方的婚姻观念、性格类型和生活习惯等方面综合考虑，从实际环境条件出发，尊重双方身心的共同需求，在理智与情感双重关系上寻求理想的解决方式。在形式上，主卧室的睡眠区位可分为两种基本模式，即“共享型”和“独立型”。所谓“共享型”的睡眠区位就是共享一个公共空间进行睡眠、休息等活动。在家具的布置上可根据双方生活习惯选择，要求有适当距离的可选择对床；要求亲密的可选择双人床，但容易造成相互干扰。所谓“独立型”则是以同一区域的两个独立空间来处理双方的睡眠和休息问题，以尽量减少夫妻双方的相互干扰。以上两种睡眠区域的设计模式各得其所，在生理与心理要求上符合各个不同阶段夫妻对生活的需要。床的具体尺寸可参照图3-6。

主卧室的休闲区位是在卧室内满足主人视听、阅读、思考等以休闲为主要内容的区域。在设计时可根据夫妻双方在休息方面的具体要求，选择适宜的空间区位，配以家具和其他必要的设备。

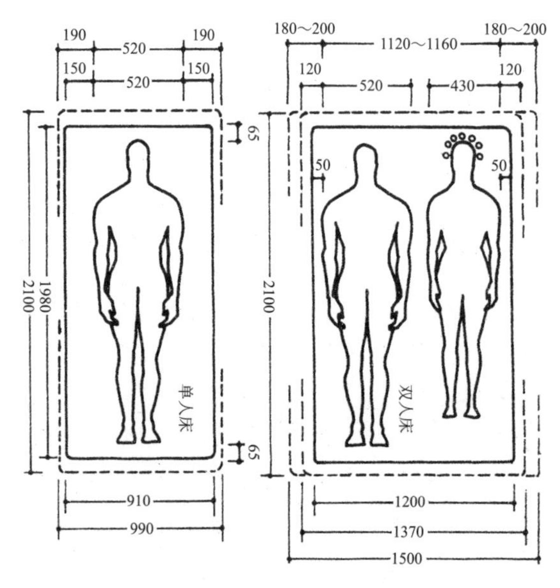

图3-6　单人床和双人床尺寸图（单位：mm）

主卧室的梳妆活动应包括美容和更衣两部分。这两部分的活动可分为组合式和分离式两种形式。一般以美容为中心的都以梳妆为主要设备，可按照空间情况及个人喜好分别采用活动式、组合式或嵌入式的梳妆家具形式。具体尺寸可参见图3-7。从效果看，不仅可节省空间，且有助于增进整个房间的统一感。更衣亦是卧室活动的组成部分，在居住条件允许的情况下可设置独立的更衣区位或与美容区位有机结合形成一个和谐的空间。在空间受限制时，亦应在适宜的位置上设立简单的更衣区域。具体设计尺寸可参见图3-8。

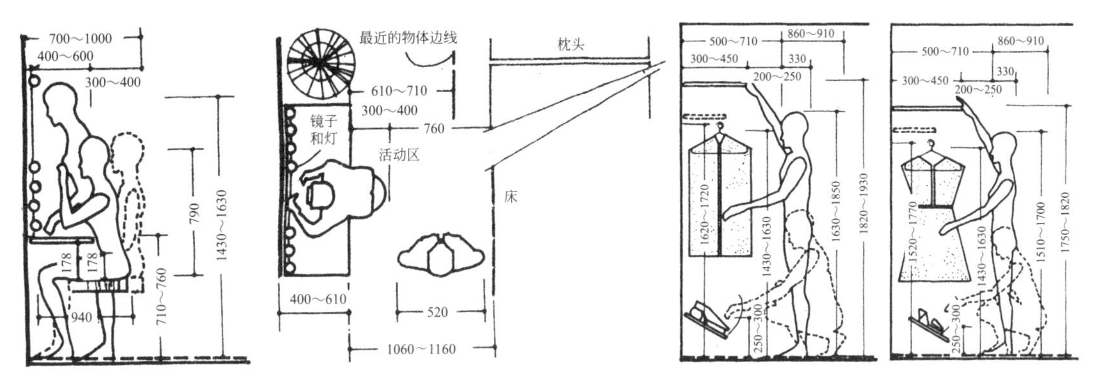

图 3-7　梳妆区域尺寸图（单位：mm）

图 3-8　男女使用壁橱尺寸图（单位：mm）

卧室的卫生区位主要指浴室而言，最理想的状况是主卧室设有专用浴室，在实际居住环境条件达不到时，也应使卧室与浴室间保持一个相对便捷的位置，以保证卫浴活动隐蔽、方便。

主卧室的储藏物多以衣物、被褥为主，一般嵌入式的壁柜系统较为理想，这样有利于加强卧室的储藏功能，亦可根据实际需要，设置容量与功能较为完善的其他形式的储藏家具（图3-9）。

总之，主卧室的布置应达到隐秘、宁静、便利、合理、舒适和健康等要求，在充分表现个性色彩的基础上，营造出优美的格调与温馨的气氛，使主人在优雅的生活环境中得到充分放松的休息与心绪的宁静（图3-10）。

图 3-9　二层主卧衣帽间

图 3-10　二层主卧室

（二）子女卧室

子女卧室相对主卧室也可称为次卧室，是子女成长与发展的私密空间，在设计上应充分照顾到子女的年龄、性别与性格等特定的个性因素。

根据心理与家庭问题专家研究，一个超过6个月的婴儿若仍与父母共居一室，彼此的生活都会受到很大的干扰，不仅不利于婴儿本身的发育与心理健康，而且会对父母的婚姻关系带来一定程度的损害。同时，有的父母为培养孩子的亲密关系，把两个年龄悬殊、性格不同的子女安排在同一房间，却不知这样做非但无助于友爱的培养，而且容易引起不良的行为问题。年幼的子女最好能有一块属于自己的独立天地，使自身能尽情地发挥而不受或少受成人的干扰。对逐渐成熟的子女更应给予适当的私密生活空间，这样有利于他们的工作、休息乃至做一些适于个性发展的活动。假如子女与父母或子女与子女之间缺乏适当的生活距离，子女成长和行为上必定完全依赖和模仿父母。其结果不仅容易使子女早熟，产生不正常的超前行为，而且难以自立、缺乏个性。此外，在父母为子女进行生活空间的构思时，应充分尊重子女的真正的兴趣与需要。若不顾子女的意愿与特点，把成人的喜好强加于儿女身上，其错误并不亚于不为孩子设置专用的空间。

由此可见，应给予性别不同、年龄悬殊、性格有差异的子女独立的生活空间。根据子女成长的过程，可将其卧室大致分为以下五个阶段。

① 婴儿期卧室。婴儿期卧室多指从出生到周岁这一时期。在原则上，最好能为在此阶段的儿女设置单独的婴儿室，但往往考虑照顾方便，多是在主卧室内设置育婴区。育婴室或育婴区的设置应从保证相对的卫生和安全出发。主要设备为婴儿床、婴儿食品及器皿的柜架、婴儿衣被柜等。对出生6个月以后的婴儿须添设造型趣味盎然和色彩醒目绚丽的婴儿椅和玩具架等，以强化婴儿对形状和色彩的感觉（图3-11）。

② 幼儿期卧室。幼儿期又称学前期，指1 ~ 6岁之间的孩子。幼儿卧室在布置上应以保证安全和方便照顾为首要考虑因素，通常在临近父母卧室并靠近厨房的位置比较理想。卧室的选择还应保证充足的阳光、新鲜的空气和适宜的室温等有助于幼儿成长的自然因素。在形式上，必须完全依据幼儿的性别、性格的特殊需要，采用富有想象力的设计，提供可诱发幻想和有利于创造性培养的游戏活动，而且还须随时依照年龄的增加和兴趣的转移予以合理的调整与变化（图3-12）。

③ 儿童期卧室。儿童期指从学龄开始至性意识初萌的这一阶段，在学制上属小学阶段。从年龄上看，是指7 ~ 12岁之间的孩子。这一时期的孩子，开始接受正规教育，由于富于幻

图3-11　三层婴儿房

图3-12　一层儿童活动室

想和好奇心理，加上荣誉和好胜心的作用，故以心智全面的发展为目标，强调学习兴趣，启发他们的创造能力，培养他们健康的个性和优良的品德。因此就整个儿童期的居住而言，睡眠区应逐渐赋予适度的成熟色彩，并逐渐完善以学习为主要目的的工作区域。除保证一个适于阅读与书写的活动中心外，在有条件的情况下，可依据孩子不同性别与兴趣特点，设立手工制作台、实验台、饲养角及用于女孩梳妆、家务工作等方面的家具设施，使他们在完善合理的环境中实现充分的自我表现与发展。

④ 青少年期卧室。青少年期泛指13 ～ 18岁期间的孩子，在学制上多处在中学阶段，是长身体、长知识的黄金时期，虽然显现出纯真、活泼、热情、勇敢和富于想象等诸多优点，却亦常常暴露出浮躁、不安、鲁莽、偏激和易于冲动的不足。因此，青少年期的卧室必须兼顾学习与休闲的双重功能，使他们在合理良好的环境条件下，发掘正当的志趣，培养良好的习惯，发展优雅的爱好，陶冶高尚的情操，以确保他们身心的平衡与正常的发展。为了增强子女本身对环境美化的参与感，并满足其创造的欲望，宜鼓励子女直接参与和其本身有关的环境布置工作。此外，由于青少年时期的子女其生活观念和方式逐渐建立，在私密生活空间的配置上最好使两代人在适度的距离上增加和谐互助的关系。

⑤ 青年期卧室。青年期指具备公民权利以后的时期，在此阶段，无论是继续求学还是就业，身心都已成熟。对于本身的私密生活空间必须负起布置与管理的责任，父母只宜站在指导角度上予以协助。在设计原则上，青年期的卧室宜充分显示其学业与职业特点，并应结合其自身的性格因素与业余爱好等。

总之，子女卧室的设计，应该以培养下一代健康成长为最高目标。不仅应为下一代安排一个舒适优美的生活空间，使他们在其中体会亲情、享受童年，进而增加生活的信心与修养，而且，更应为下一代规划完善正确的“生长”环境，使他们能在其中启迪智慧、学习技能，进一步开拓人生的前途与理想。

三、卧室的设计方法

不同卧室应根据各自的性质、功能采用不同的设计方法。下面我们以儿童卧室、青少年卧室、老年卧室为例进行说明。

（一）儿童卧室

由于现代室内陈设艺术的不断发展和完善，陈设艺术所覆盖的范围越来越广泛，分工也越来越具体，因此，室内陈设的针对性也越来越强。儿童房间的装饰陈设已经成为现代室内装饰的一个组成部分。从心理学角度分析，儿童独立生活区域的划分，有益于启迪其智慧、提高其动手能力。儿童卧室的布置应该是丰富多彩的，针对儿童的性格特点和心理特点，设计的基调应该简洁明快、新鲜活泼、富于想象，为他们营造一个童话式的意境，使他们在自己的小天地里，更有效且自如地安排课外学习和生活起居。儿童房间的设计要着重参考以下几点。

（1）尺度设计要合理

根据人体工程学的原理，为了孩子的舒适方便和身体健康，在为孩子选择家具时，应该充分照顾儿童的年龄和体型特征。写字台前的椅子最好能调节高度，如果儿童长期使用高矮不合适的桌椅，会造成驼背、近视，影响其正常发育。在家具的设计中，要注意多功能性及合理性，如在给孩子做组合柜时下部宜做成玩具柜、书柜和书桌，上部宜作为装饰空间。根据儿童的审美特点，家具的色调要明朗艳丽。鲜艳明快的色彩不仅可以使儿童保持活泼积极的心理状态和愉悦的心境，而且可以改善室内亮度，营造明朗亲切的室内环境。处在这种环境下，孩子能产生安全感和归属感。在房间的整体布局上，家具要少而精，要合理利用室内空间。摆放家具时，要注意安全、合理，要设法给孩子留下一块活动空间，家具尽量靠墙摆放。孩子们的学习用具和玩具最好放在开敞式的架子上，便于随时拿取。

（2）装饰摆设要得当

室内装饰摆设得当有利于儿童的身心健康。墙面装饰是发展孩子个性爱好的最佳园地，这块空间既可以让孩子自己动手去丰富它们，也可采取其他不同的办法装饰出独特的风景。比如，既可在墙面上布置一幅色调明快的景物画，又可采取涂画的手法，画上蓝天白云、动画世界、自然风光等。这样不仅在视觉上扩大了儿童的居室空间，又可让孩子仿佛置身于美丽的大自然或快乐的动画世界中，有利于充分发挥想象力，从小培养热爱大自然的高尚情操和健康快乐的性格。如果没有条件布置巨幅绘画，也可以在墙上点缀些野外的东西。比如，挂上一个手工的小竹篮，插上茅草或其他绿色植物，或贴上妙趣横生的卡通动画等，都能使儿童房间增加自然美的气息。

桌面的陈设要兼顾观赏与实用两个方面。对于儿童所使用的一些实用工艺品，如台灯、闹钟、笔筒等，以安全耐用、造型简洁、颜色鲜艳为宜。摆设品要尽量突出知识性、艺术性，充分体现儿童的特点，如绒制玩具、泥娃娃、动植物标本、地球仪等，或在室内放置一两件体育用品，更能突出孩子的情趣和爱好。若在寒冷的冬季，室内摆上一两盆绿叶花卉，能使孩子的房间充满盎然的春意。

另外，儿童房间的布置，要注意体现正确的人生观，满足他们在精神功能上的需要，如在墙上悬挂名人的名言警句或在桌上、书架上摆放象征积极向上的工艺品，以及一些既能开发智力、帮助学习，又有装饰性和实用性的摆设品。

（3）色彩和图案要具备多样性和丰富性

因儿童心理特征是新鲜活泼、富于幻想，所以家具、墙面、地面的色调应在大体统一的前提下，适当做一些变化，如奶白色的家具、浅粉色的墙面、浅蓝色的地毯等。

儿童房间的窗帘也应别具特色。一般宜选择色彩鲜艳、图案活泼的面料，最好能根据四季的不同配上不同花色的窗帘，如春天的窗帘可选用绿色调自然纹样，夏天可配上防日晒的淡雅的素色窗帘。床上用品可绣上英文字母或动物图形等，色彩的多样化可增进儿童的幻想，并促进他们智能的提高。家具的造型可做成梯架形、平弧形、波浪式等，要避免单一，有立体感、跳跃感，这样有利于训练孩子对造型的敏感性（图3-13）。

（二）青少年卧室

住宅的主人应包括不同年龄的人。不仅父亲、母亲是住宅的主人，还应当把孩子特别是青少年当作住宅和家庭的主人。在我国，这一点往往被一些家长所忽略。因此，青少年在家庭住宅中所必需的空间和设施安排不当的情况经常出现，从而给孩子们的生理、心理的成长和发育造成许多不良影响。而另一种倾向是过分溺爱孩子，把他们当作家庭中的“小太阳”“小皇帝”。这两种倾向都应加以纠正。因此，很有必要认真研究一下如何巧妙地安排和布置青少年的房间，给他们一个良好的学习、生活、休息和娱乐的家庭空间，使他们的身心健康得到良好的发展。

青少年的最大特点是精力充沛。青少年时期也是发奋读书、希望别人把他们当成大人对待、产生独立意识的时期。所以，即使家中住房再拥挤，也应为他们留下相对独立的空间，有放孩子学习用品、玩具和衣物的地方，使孩子对这个角落有主人的感觉，培养其独立处理自己事情的能力。这样一方面可避免使孩子变得事事依赖别人，养成懒惰、小气、胆小的性格；另一方面，孩子的主人意识以及音乐、绘画等各方面的爱好和天赋就能更好地发挥。另外，青少年也需要有朋友、有交往，所以也应该考虑这方面的活动空间。因为孩子们的相互学习，在许多情况下效果会比父母教育辅导好得多（图3-14）。

图 3-13　二层男孩房

图 3-14　三层女孩房

青少年另一大特点是身体发育快、适应性强，对桌椅等家具及活动空间的要求都有相应的变化，必须注意及时加以调整。如果床的尺寸大小不当，桌椅不配套，不适合青少年身体行为的尺寸，读写位置光线不好，就容易造成不良的读写姿势和习惯，以至造成驼背、脊椎侧弯、视力减退等生理畸形。另外，孩子长期被安排在北屋或西晒的房间，很少见阳光或总有阳光炫目，都是不利的。

所以，科学地安排和布置青少年卧室是非常重要的，它是塑造小主人未来、决定他们能否正常成长和发育的一个重要环境，做父母的千万不能忽视这块小天地。

如果没有条件让青少年独居一室，那么也须在卧室里划出一块属于他们的地方。卧室分隔的方法有很多种，较理想的是做一屏风式的书架或博古架，这样既为他们保留了一块独立的区域，又满足了他们储藏书和其他物品的需要。当然，若地方过于狭小，无法用家具隔断的话，可用布帘拉起来。布帘要采用质量较好而且厚实的布料和轻质铝合金导轨，以便收拢和拉开。导轨可直接装在平顶上，必要时可弯成弧形，使布帘拉开形成一个有圆角的分隔区，犹如舞台，既美观又不影响整个房间的布局。青少年的房间空间功能划分是否合理，会在很大程度上影响他们生活的舒适性和学习效率。

青少年房间的布置不能千篇一律，要突出表现他们的爱好和个性。增长知识是他们这一阶段的主要任务，良好的学习环境对青少年而言是非常重要的。书桌和书架是青少年房间的中心区，在墙上做搁板架，是充分利用空间的常用方法，搁板上既可放书又可摆放工艺品。另外，那些可折叠的床和组合柜结合的家具，简洁实用，富有现代气息，所需空间也不大，很适合青少年使用。

随着现代科技的发展和青少年学习的需要，如果家庭条件许可，应该尽量让他们多接触现代科技成果，不仅仅是为了享受，更是为了适应他们的需要。当然还可让他们用自己的作品来陈设布置，如飞机模型、船模、手工艺品、自己作的书画等，将居室点缀得更有个性、更具特色。喜欢乐器的青少年可在床边、墙上挂上一把吉他或其他乐器，既能体现个人的素养与爱好，也具有良好的装饰效果。

（三）老年卧室

人在进入暮年以后，在心理上和生理上均会发生许多变化，对老年人房间进行室内设计，首先要了解这些变化与老年人的特点。为适应这些变化，老年人的居室应该做些特殊的布置和装饰。

居室的朝向以面南为佳，采光不必太多，环境要好。老年人的一大特点是好静，对居住空间最基本的要求是门窗、墙壁隔声效果好，不受外界影响，要比较安静。根据老年人的身体特点，他们一般体质下降，有的还患有老年性疾病，即使一些音量较小的音乐，对他们来说也是“噪音”。所以一定要防止噪音的干扰，否则会造成不良后果。

老年人一般腿脚不便，在选择日常生活中离不开的家具时应予以充分考虑。为了避免磕碰，不宜摆放那些方正见棱角的家具。此外，过于高的橱、柜或低于膝的大抽屉都不宜使用。在所有的家具中，床铺对于老年人至关重要。南方人喜用“棕绷”，上面铺褥子；北方人喜用铺板，上铺棉垫或褥子。老年人的床铺高低要适当，要方便老年人上下、睡卧以及卧床时自取日用品等。有的老年人并不喜欢高级的沙发床，因为它会让人“深陷其中”，不便翻身。钢丝床太窄不适合老年人。

老年人的另一大特点是喜欢回忆过去的事情。所以在居室色彩的选择上，应偏重于古朴、平和、沉着的室内装饰色，这与老年人的经验、阅历有关。随着各种新型装饰材料的大量出现，室内装饰改变了以往“五白一灰”的状况，墙壁换成柔和色的涂料或贴上各种颜色的壁纸、壁布、壁毡，地面铺上木地板或地毯。如果墙面是乳白、乳黄、藕荷色等素雅的颜色，可配富有生气、不感觉沉闷的家具；也可以木本色的天然色为基础，给家具涂上不同的色彩；还可选用深棕色、驼色、棕黄色、珍珠色、米黄色等人工色调的家具。浅色家具显得轻巧明快，深色家具显得平稳庄重，可由老年人根据自己的喜好选择。墙面与家具一深一浅，相得益彰，只要对比不太强烈，就能有较好的视觉效果。

还可以随季节变化设计房间的色调。春夏季以轻快、凉爽的冷色调为主旋律，秋冬季以温暖宜人的暖色调为主题。如乳黄色的墙面、深棕色的家具、浅灰色的地毯构成沉稳的暖色调；藕荷色墙面、珍珠白色家具、浅蓝色地毯、绿色植物及小工艺品的搭配，显得安详、舒适、雅致、自然，构成清爽的色调。

从科学的角度看，色彩与光、热的调和统一，能给老年人增添生活乐趣，令他们身心愉悦，有利于消除疲劳、带来活力。老年人一般视力不佳，起夜较勤，晚上的灯光强弱要适中。

此外，房间中要有盆栽花卉。绿色是生命的象征，是生命之源，有了绿色植物，房间内顿时富有生气，它还可以调节室内的温度、湿度，使室内空气清新。有的老年人喜欢养鸟，怡情养性的几声莺啼鸟语，更可使生活其乐无穷。在花前摆放一张躺椅、安乐椅或藤椅更为实用，效果也更好。

老年人居室的织物，是房间精美与否的点睛之笔。床单、床罩、窗帘、枕套、沙发巾、桌布、壁挂等的颜色或是古朴庄重，或是淡雅清新，应与房间的整体色调一致。图案也同样以简洁为好。在材质上，应选用既能保温、防尘、隔声，又能美化居室的材料。

总之，老年人的居住空间室内设计应以他们的身体条件为依据。家具摆设要充分满足老年人起卧方便的要求，实用与美观相结合，装饰物品宜少不宜杂。最好采用直线、平行的布置法，使视线转换平稳，避免强制引导视线的因素，力求整体的统一，创造一个有益于老年人身心健康、亲切、舒适、幽雅的环境。

第四节　书房的室内设计

一、书房的空间功能分析

书房是用来阅读、书写、工作和密谈的空间，是居住空间中私密性较强的区域之一，是人们基本居住条件中的高层次要求。虽然它功能单一，但要求具备安静的环境、良好的采光，从而令人保持轻松愉快的心情。在书房的布置中，可分出工作区域、阅读和收藏区域两部分。其中，工作区域在位置和采光上要重点处理。除保证安静的环境和充分的采光外，还应设置局部照明，以满足工作时的照度。另外，工作区域与藏书区域的联系要便捷，而且藏书要有较大的展示面，以便查阅。

随着社会的进步、人民生活水平的不断提高，居住空间也在不断改良、完善。在日新月异的户型结构中，书房已成为一种重要元素。在住宅的后期室内设计和装饰装修阶段中，更是要对书房的布局、色彩、材质造型进行认真的设计和反复的推敲，以创造出一个使用方便、形式美感强的阅读空间来。

二、书房的空间位置

书房的设置要考虑到朝向、采光、景观、私密性等多项要求，以保证书房环境质量的优良。在朝向方面，书房多设在采光充足的南向、东南向或西南向，忌朝北，以使室内照度较好，便于缓解视觉疲劳。由于人在书写、阅读时需要较为安静的环境，因此，书房在居室中的位置，应注意如下几点。

① 适当偏离活动区，如起居室、餐厅，以避免干扰。

② 远离厨房、储藏间等家务用房，以便保持清洁。

③ 和儿童卧室也应保持一定的距离，以避免儿童的喧闹影响环境。

书房一般和主卧室的位置较为接近，甚至个别情况下可以将两者以穿套的形式相连接。

三、书房的布局及家具设施要求

1. 书房的布置形式

书房的布置形式与使用者的职业有关，不同工作的职业方式和习惯差异很大，应具体问题具体分析。有的特殊职业除阅读以外，还有工作室的特征，因而必须设置较大的操作台面。同时书房的布置形式与空间有关，这里包括空间的形状、空间的大小、门窗的位置等。书房的工作和阅读应是空间的主体，应在位置、采光上给予重点处理。首先，这个区域要安静，所以尽量布置在空间的尽端，以避免受到交通的影响；其次，朝向、采光、人工照明设计要好，以满足工作时的视觉要求。另外和藏书区域的联系要便捷、方便，特殊的书籍还有避免阳光直射的要求。为了节约空间、方便使用，书籍文件陈列柜应尽量利用墙面来布置。有些书房还应设置休息和谈话的空间。在不太宽裕的空间内满足这些要求，必须在空间布局上下功夫，应根据不同家具的不同作用巧妙合理地划分出不同的空间区域，达到布局紧凑、主次分明。

2. 书房的家具设施

根据书房的性质以及主人的职业特点，书房的家具设施变化较为丰富，归纳起来有如下几类。

① 书籍陈列类，包括书架、文件柜、博古架、保险柜等，其尺寸以经济实用及使用方便为根据来选择和设计。

② 阅读工作台面类，包括写字台、操作台、绘画工作台、电脑桌、工作椅等。

③ 附属设施，比如休闲椅、茶几、文件粉碎机、音响、工作台灯、笔架、电脑等。

现代的家具市场和工业产品市场为我们提供了种类繁多、令人眼花缭乱的家具和办公设施，我们应当根据设计的整体风格去合理地选择和配置，并给予良好的组织，为书房空间提供一个舒适方便的工作环境。

3. 书房的装饰设计

书房是一个工作空间，但绝不等同于一般的办公室，它要和整个家居的气氛相和谐，同时又要巧妙地应用色彩、材质变化以及绿化来创造出一个宁静温馨的学习、工作环境。在家具布置上，它不必像办公室那样整齐干净，以表露工作作风之干练，而要根据使用者的工作习惯来布置摆设家具、设施甚至艺术品，以此体现主人的品位、个性，书房和办公室比起来往往杂乱无章、缺乏秩序，但却富有人情味和个性。

第五节　餐厅的室内设计

一、餐厅的空间功能分析

餐厅是家人进餐的主要场所，也是宴请亲友的活动空间。因其功能重要，每一个家庭都应设置一个独立餐室。若空间条件不具备时，也可以与厨房组成餐厨一体的形式，还可以从起居室中以轻质隔断或家具分隔成相对独立的用餐空间。餐厅的位置设在厨房与起居室之间是最合理的，这在使用上可节约食品供应时间和就座进餐的交通路线，在设计上则取决于各个家庭不同的生活与用餐习惯。餐厅的主要功能是用餐，有时也兼做娱乐场地之用。

二、餐厅的家具布置

我国自古就有“民以食为天”的说法，所以用餐是一项较为正规的活动。因而无论是用餐环境还是用餐方式都有一定的讲究。除了餐桌之外，还要根据使用者的需要考虑酒柜、储物柜、酒吧台等的设置。餐厅的特点是聚，因此，设计时要注意强调幽雅的环境以及气氛的营造。所以，现代家庭在进行餐室装饰设计时，除家具的选择与位置摆放外，应更注重灯光的调节以及色彩的运用，这样才能做出一个独具特色的餐饮空间。在灯光处理上，餐厅的灯光要尽量使用暖色调，给人以亲切感，还可以起到增加食欲的作用，餐厅顶部的吊灯或灯棚属餐室的主要光源，亦是形成情调的视觉中心。在空间允许的前提下，最好能在主光源周围布设一些低照度的辅助灯具，以丰富光线的层次，用以营造轻松愉快的气氛。在家具配置上，应根据家庭日常进餐人数来确定，同时应考虑宴请亲友的需要。在结构紧凑、面积较小的住宅中，可以考虑使用可折叠的、可灵活变化的餐桌椅进行布置，以增强在使用上的机动性。

根据餐室或用餐区位空间的大小、形状以及家庭用餐习惯，选择适合的家具。西方国家多采用长方形或椭圆形的餐桌，而我国多选择正方形与圆形的餐桌（图3-15、图3-16）。此外，在现代住宅中，餐厅中的餐桌、餐椅、餐饮柜的造型，酒具及其他装饰品的优雅整洁摆设也是产生赏心悦目效果的重要因素，更可在一定程度上规范以往的不良进餐习惯（图3-17）。

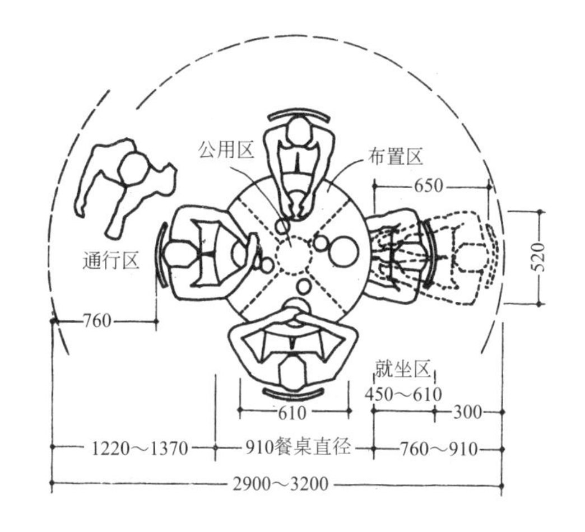

图3-15　四人用餐桌尺寸图（单位：mm）

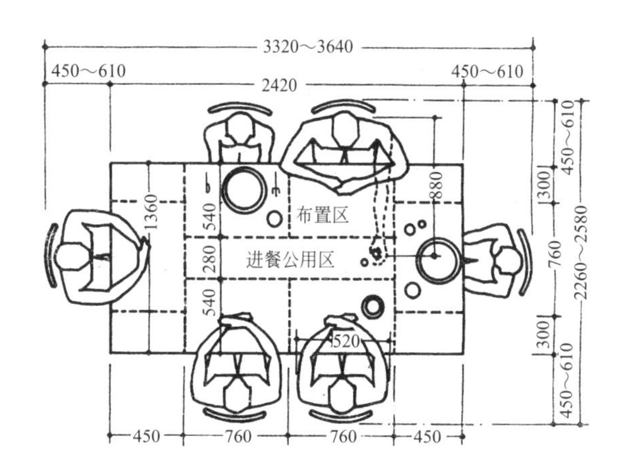

图3-16　长方形六人餐桌尺寸图（单位：mm）

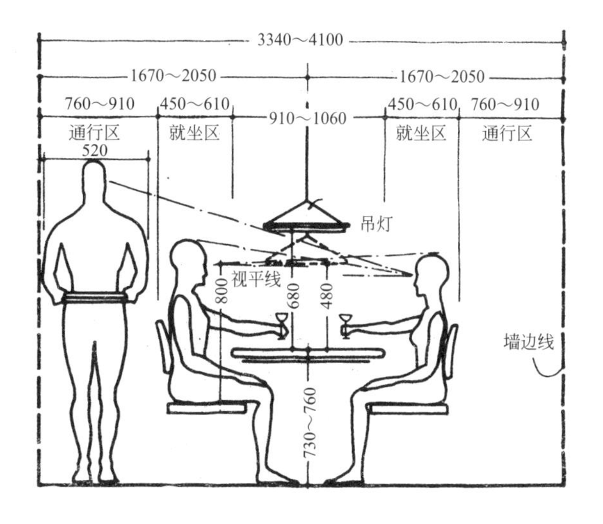

图3-17　最小用餐单元宽度尺寸图（单位：mm）

三、餐厅的造型及色彩要求

1. 空间界面设计

餐厅的功能性较为单一，因而室内设计必须从空间界面的设计、材质的选择、色彩灯光的设计和家具的配置等方面全方位配合来营造一种温馨和谐的气氛。当然，一种空间格调是由空间界面的设计来形成的，那么让我们来分析讨论一下餐厅空间界面的组成及特性。

① 顶棚。餐厅的顶棚设计往往比较丰富而且讲求对称，其几何中心对应的位置是餐桌，因为餐厅无论是在我国还是在西方、无论是圆桌还是方桌，就餐者均围绕餐桌而坐，从而形成了一个无形的中心环境。由于人是坐着就餐，所以就餐活动所需层高并不高，这样设计师就可以借助吊顶的变化丰富餐室环境，同时也可以用暗槽灯的形式来创造气氛。顶棚的造型并不一律要求对称，但即便不是对称的，其几何中心也应位于中心位置。这样处理有利于空间的秩序化，给人一种平衡感。顶棚是餐厅主要照明光源所在，其照明形式是多种多样的，灯具有吊灯、筒灯、射灯、暗槽灯、格栅灯等，应当在顶棚上合理布置不同种类的灯具，灯具的布置除了应满足餐厅的照明要求以外，还应考虑家具的布置以及墙面饰物的位置，以使各类灯具有所呼应。顶棚的形态除了照明功能以外，主要是为了创造就餐的环境氛围，因而除了灯具以外，还可以悬挂其他艺术品或饰物。

② 地面。餐厅的地面可以有更加丰富的变化，可选用的材料有石材、地砖、木地板、水磨石等。而且地面的图案样式也可以有更多的选择，如均衡的、对称的、不规则的等。应当根据设计的总体设想来把握材料的选择和图案的形式。餐厅地面材料的选择和做法的实施还应当考虑便于清洁这一因素，以适应餐厅的特定要求。要使地面材料有一定防水和防油污的特性，做法上要考虑灰尘不易附着于构造缝之间，否则难以清除。

③ 墙面。在现代社会中，就餐已日益成为重要的活动，餐厅空间使用的时间段也越来越长，餐厅不仅是全家人日常共同进餐的地方，而且也是邀请亲朋好友交谈与休闲的地方。因此对餐厅墙面进行装饰时应从建筑内部把握空间，根据空间使用性质、所处位置及个人爱好，运用科学技术、文化手段与艺术手法，创造出功能合理，舒适美观，符合人的生理、心理要求的空间环境。餐厅墙面的装饰除了要依据餐厅和居室整体环境相协调、对立统一的原则以外，还要考虑到它的实用功能和美化效果的特殊要求。一般来讲，餐厅较之卧室、书房等空间所蕴含的气质要轻松活泼一些，并且要注意营造出一种温馨的气氛，以满足家庭成员的聚合心理。

2. 色彩要求

空间的色彩对人们心理影响是比较大的，尤其是餐饮空间。据科学家分析，不同的色彩会引发人们就餐时不同的情绪。橙色以及相同色相的颜色，是餐厅最适宜也是使用较普遍的色彩，因为这类色彩有刺激食欲的功效。它们不仅能给人温馨的感觉，而且可以提高进餐者的兴致，促进人们之间的情感交流，活跃就餐气氛。当然，人们对色彩的认识和感知并非长久不变，不同的季节、不同的心理状态，对同一种色彩都会产生不同的反应，这时我们可以用其他手段来巧妙地调节，如灯光的变化，餐巾、餐具的变化，装饰花卉的变化等，处理得当的话，效果是很明显的。因此，要根据实际情况，因地制宜，才能达到良好的效果。有的住宅中餐厅面积很小，可以在墙面上安装镜面，以此在视觉上造成空间增大的感觉。另外，墙面的装饰要突出个性，要在选择材料上下一定功夫，不同材料质地、肌理的变化会给人带来不同的感受（图3-18、图3-19）。

图 3-18　一层餐厅

图 3-19　一层西餐厅

第六节　厨房的室内设计

厨房是居住空间中使用频率较高的空间，它的主要功能是备餐和餐后整理。在居住空间中厨房的位置也比较隐蔽，但厨房的质量密切关系到整个住宅的质量。一方面，如今的住宅中厨房正在由封闭式走向开敞式，并越来越多地渗透到住宅的公共空间中；另一方面，先进的厨房设备也在改变着厨房的形象以及厨房的工作方式。同时世界范围内各种生活方式的不断融合，给厨房的布局和内容也带来了更大的选择余地，也对设计者的知识结构以及造型、功能组织能力提出了更高的标准。要想合理地安排厨房空间的功能并创造富有活力和更具人情味的空间氛围，应对厨房内容及活动规律进行深入了解。

一、厨房空间功能分析

厨房是居住空间中重要的、不可忽视的组成部分，许多家庭却认为厨房占据的只是隐蔽空间，不需要设计，其实这是一种误解。厨房的设计质量与设计风格，直接影响整个居住空间室内设计风格、格局的合理性与实用性以及居住空间内部的整体效果和装修质量。厨房是居住空间中功能比较复杂的部分，是否适用不仅取决于是否有足够的使用面积，而且也取决于厨房的形状、设备布置与人体尺度关系等。厨房是人们家事活动较为集中的场所，其设计得是否合理不仅影响它的使用效果，而且也影响整个户内空间的装饰效果。

厨房的功能可分为服务功能、装饰功能和兼容功能三个方面。其中，服务功能是厨房的主要功能，是指作为厨房主要活动内容的备餐、洗涤、存储等；厨房的装饰功能，是指厨房设计效果对整个居住空间室内设计风格的补充、完善作用；厨房的兼容功能主要包括可能发生的洗衣、沐浴、交际等作用。通常，应在厨房中建立三个工作中心，即储藏和调配中心、清洗和准备中心、烹调中心。

厨房中的活动内容繁多，如不能对厨房内的设备布置和活动方式进行合理的安排，即使采用最先进的设备，也可能会使主人在其中来回奔波，既没有保证设备充分发挥作用，又使厨房显得杂乱无章。经过精心考虑并合理布局的厨房与其他厨房相比，完成相同内容家事活动的劳动强度、时间消耗均可降低1/3左右。

二、厨房的基本类型

从厨房的开放程度看，厨房可分为两大类型：封闭型和开放型。在进行厨房室内布置时，必须注意厨房与其他家庭活动的关系。因为厨房不仅具有多种功能，而且可根据其功能将它划分为若干个不同的区域。厨房的布置要关注的是厨房与其他空间渗透、融合。换句话讲，在现代住宅中，厨房正逐步从独立厨房空间向与其他空间关联融合转变，厨房的活动功能不仅是简单的做饭烧菜，更重要的是能将就餐、起居和其他家庭活动变为相融相洽的和谐关系。

厨房四大活动内容包括烹调空间（K）、洗涤等其他家务活动空间（U）、就餐空间（D）和起居空间（L）。据此可组合定义不同的厨房，比如K型独立式厨房、UK型家事式厨房、DK型餐室式厨房、LDK型起居式厨房等。

三、厨房的排油烟问题

在居住空间有关室内环境质量的问题中，室内空气污染是首先要关注的。一是室内空气不经常流通，其污染程度比室外严重。人们通常认为室外空气污染比室内严重，特别是生活在工业区的住户，总担心室外污染的空气进入室内，造成危害，因此经常紧闭门窗，以减少室内空气流通，实际上经过实地监测，情况恰恰相反。二是厨房有害物对室内的污染是相当严重的。人们通常认为液化石油气及天然气是一种清洁燃料，但事实并非如此。使用液化石油气、天然气造成的污染物浓度比使用一般的燃煤的还要高，其隐性污染毒害更重。

目前对厨房的环境治理，简单可行的办法是结合住宅建设的实际，改进厨房的室内设计方式，设置厨房空气清新去污的管道，使污染气体及有害物质能随时通过专用风道排出室外，并使室内通风与厨房厕所的通风分路进行，不互相混杂。随着科技的不断发展，厨房环境治理出现了新的有效办法，例如，直接改变燃料的构成、使用太阳能等。

四、厨房设施基本尺寸及用材参考表

厨房设施基本尺寸及用材的具体内容参见表3-1。

表3-1　厨房设施基本尺寸及用材参考表　　单位：mm

名称	尺寸 $L \times B \times H$	材质
洗涤盆	（510 ~ 610）×（310 ~ 460）×200	陶瓷类
	（310 ~ 430）×（320 ~ 350）×200	不锈钢
	（850 ~ 1050）×（450 ~ 510）×200	不锈钢（带洗刷台面）
煤气灶具	700×380×120	搪瓷不锈钢
排油烟机	750×560×70	铝合金不锈钢
微波炉	（550 ~ 600）×（400 ~ 500）×（300 ~ 400）	金属喷塑面
电冰箱	（550 ~ 750）×（500 ~ 600）×（1100 ~ 1600）	金属喷塑面
操作台面及储藏柜（下柜）	（700 ~ 900）×（500 ~ 600）×（800 ~ 850） 长度也可根据厨房实测调整	防火板面人造石材面
贮藏柜（上柜、吊柜）	（700 ~ 900）×（300 ~ 350）×（500 ~ 800） 长度及高度也可根据厨房实测调整	防火板面装饰板面
煤气表	160×110×200	（定型产品）
水表	Φ150×100	（定型产品）
燃气热水器	（320 ~ 360）×180×630	（定型产品）

五、厨房设施基本尺寸与人体尺度的关系

厨房设施基本尺寸与人体尺度有密切关系，具体如图3-20 ~图3-23所示。

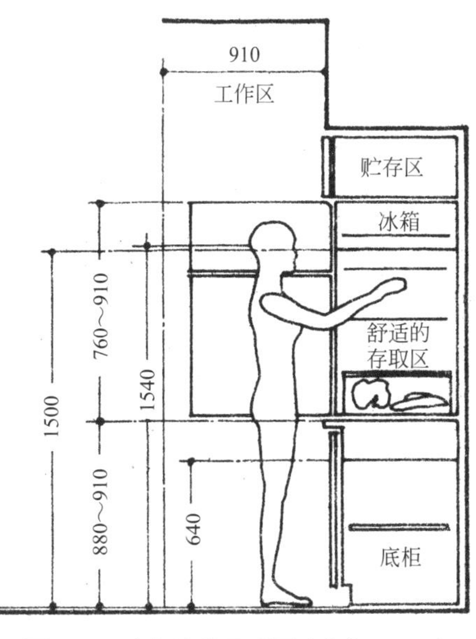

图 3-20　人与冰箱尺寸图（单位：mm）

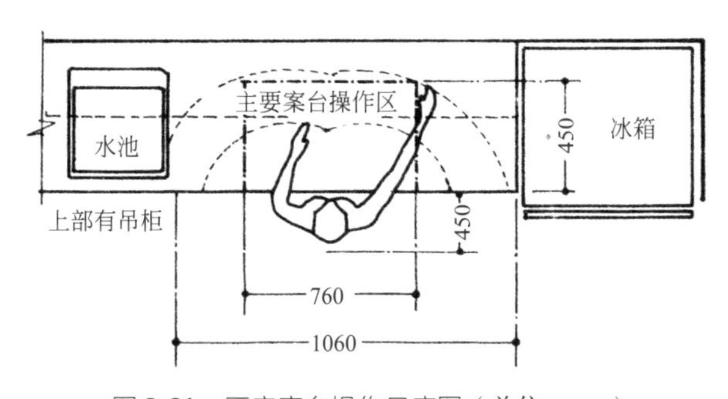

图 3-21　厨房案台操作尺度图（单位：mm）

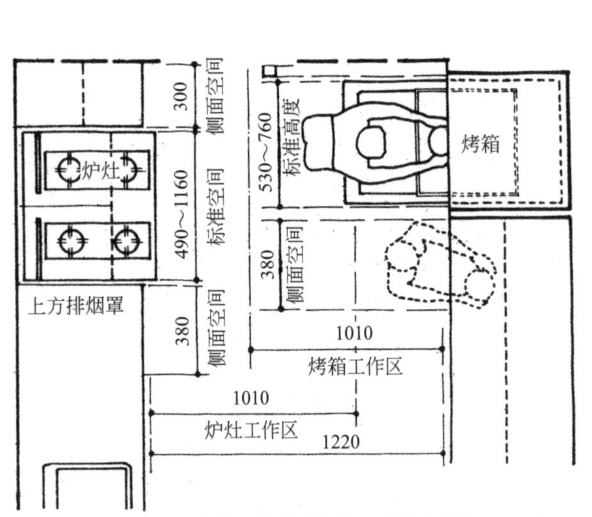

图 3-22　厨房设备操作平面尺寸图（单位：mm）

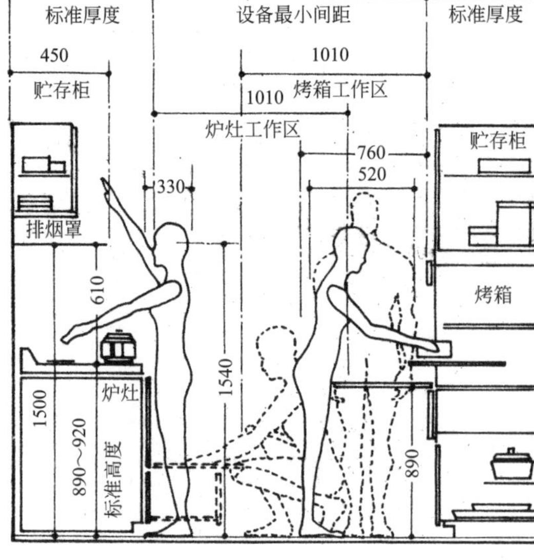

图 3-23　厨房设备操作立面尺寸图（单位：mm）

六、厨房设计准则

厨房设计应遵照以下准则。

① 交通路线应避开工作三角。

② 工作区应配置齐全必要的器具和设施。

③ 从厨房往外眺望的景色应是欢乐愉快的。

④ 工作中心包括储藏和调配中心、清洗和准备中心、烹调中心。

⑤ 工作三角的长度要小于6m或7m。

⑥ 每个工作中心都应设电插座。

⑦ 每个工作中心都应设地上和墙上的橱柜，以便贮藏各种设施。

⑧ 应设置无形和无眩光的照明，并应能集中照射在各个工作中心处。

⑨ 应为准备饮食提供良好的工作台面。

⑩ 通风良好。

⑪ 炉灶和电冰箱间至少要隔有一个柜橱。

⑫ 设备上的门应避免开启到工作台的位置。

⑬ 柜台的工作高度以90cm左右为宜，桌子的高度应为76cm左右。应将地上的橱柜、墙上的橱柜和其他设施组合起来，构成一种连贯的标准单元，避免中间有缝隙，或出现一些使用不便的坑坑洼洼和突出部分。

第七节 卫生空间的室内设计

卫生空间是住宅中处理个人卫生的空间。我国住宅中的卫生空间多为浴室和厕所两种使用功能合二为一的空间。卫生空间的主要使用功能有沐浴、盥洗、化妆、排泄、洗衣等，卫生空间的主要设备有盥洗台、化妆镜、坐便器或蹲便器、浴缸或淋浴房、浴巾架、储物柜等。

由于卫生空间不仅实用性强，而且它能从一个侧面体现主人的性格修养，因此卫生空间的设计越来越受到重视。

一般而言，卫生空间是居住空间的附设单元，面积往往较小，其采光、通风的质量也常常被以换取总体布局的平衡而受到限制，这使得多数家庭难以在卫生空间的环境质量上有更多的奢望，只能在现有条件下进行有限的改善和选择。随着社会科学文化的进步，居住环境得到了改善，现在出现了有些住宅拥有两个或更多卫生空间的户型。卫生空间的形态、格局也在发生着变化。同时，人们更多地把精力投入到装修装饰阶段，用造型、灯光、绿化、高质量产品来优化卫生空间的环境。

从环境上讲，卫生空间应具备良好的通风、采光及取暖设备；在照明上，应采用整体与局部结合的混合照明方式。在有条件的情况下，对洗面、梳妆部分应以无影照明为最佳选择。在住宅室内设计中，卫生空间的设备与空间的关系应得到良好的协调，对不合理或不能满足需要的卫生空间应在设备与空间的关系上进行改善。在卫生空间的格局上，要在符合人体工程学的前提下予以补充、调整，同时应注意局部处理，充分利用有限的空间，使卫生空间能最大限度地满足家庭成员在洁体、卫生、工作方面的需求。

一、卫生空间的功能分析

1. 使用卫生空间的目的

① 浴室。用于冲淋、浸泡、擦洗身体，洗发，刷牙，更衣等。

② 厕所。用于大小便、清洗下身、洗手、刷洗污物等。

③ 洗脸间。用于洗脸、洗手、刷牙漱口、化妆、梳头、刮胡子、更衣、洗衣物、敷药等。

④ 洗衣间（家务室）。用于洗涤、晾晒、整烫衣物等。

在卫生空间中的行为因个人习惯、生活习俗的不同有很大差别，而且还与卫生空间是合并形式还是独立形式也有关系，因此不限于上述划分。

2. 使用卫生空间的人

① 一般人（工作、学习的人）。在一定的时间段使用，容易在高峰期发生冲突。家庭人口多或结构复杂的家庭应把卫生空间分离成各自独立的小空间或加设独立厕所和洗脸间等。

② 残疾人。使用卫生空间时很容易出现事故，必须十分重视安全问题。应在必要的位置

加扶手，取消高度差；使用轮椅或需要保护者，卫生空间应相应加大。

③ 婴幼儿。在使用厕所浴室时需有人帮助，在一段时间需要专用便盆、澡盆等器具，要考虑洗涤污物、放置洁具的场所。使用浴室时，幼儿有被烫伤、碰伤、溺亡的危险，因而必须注意安全设计。儿童在外面玩沙土回来时常常弄得很脏，有条件的最好在入口处设置清洗池，以便在进入房间前清洗干净。

④ 客人。常有亲戚朋友来做客和暂住的家庭，可考虑分出客人用的厕所等，没有条件区分的情况下，可把洗脸间、厕所独立出来以利于使用。

3. 使用卫生空间的时间段

① 早上。早上是使用卫生空间的高峰时间，这使人们一般不能保证在卫生空间有充足的时间洗脸、刷牙、梳理。成年人每天准备上班要占用卫生空间，现代的年轻人化妆梳理时占用卫生空间的时间亦比较长，还有准备去上学的孩子也需要在出行前使用它，致使人们在某一小段时间内几乎同时需要使用厕所、洗脸池，造成家庭不便就可想而知了。

② 晚上。晚上虽时间充裕，人们使用卫生空间的时间可相互调开，但住宅中只设一个卫生空间的家庭，仍存在上厕所和洗澡发生矛盾的情况。

③ 深夜。老人和有起夜习惯的人需使用厕所，冲水的声音可能影响他人休息。

④ 休息日、节假日。节假日在外的家人回来、亲友来访等，使用卫生空间的次数增多。此外，个人卫生的清理（洗澡、洗发）、房间清扫、衣物洗涤熨烫等工作相对比较集中，卫生空间的使用频率比平日高。

二、卫生空间的人体工程学

住宅卫生空间是应用人体工程学比较典型的空间。由于卫生空间中集中了大量的设备，空间相对狭小，使用目的单一、明确，因此在研究卫生空间中人与设备的关系、人的动作尺寸及范围、人的心理感觉等方面要求比一般空间中更加细致、准确。一个好的卫生空间设计，要使人在使用中感到很舒适，既能使动作伸展开，又能安全方便地操作设备；既比较节省空间，又能在心理上造成一种轻松宽敞感（图3-24 ～图3-27）。

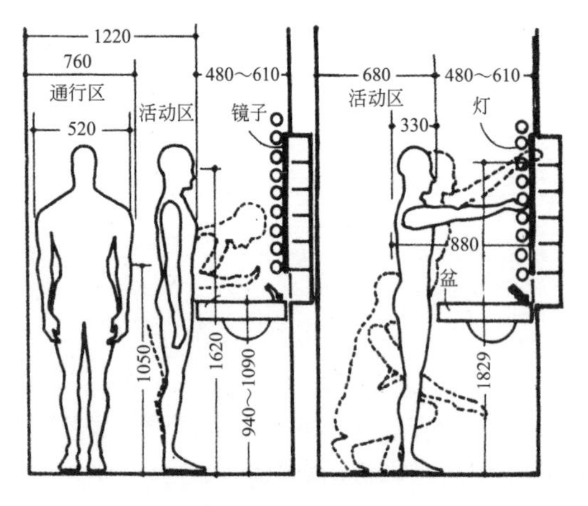

图3-24　男性的洗脸空间尺寸图（单位：mm）

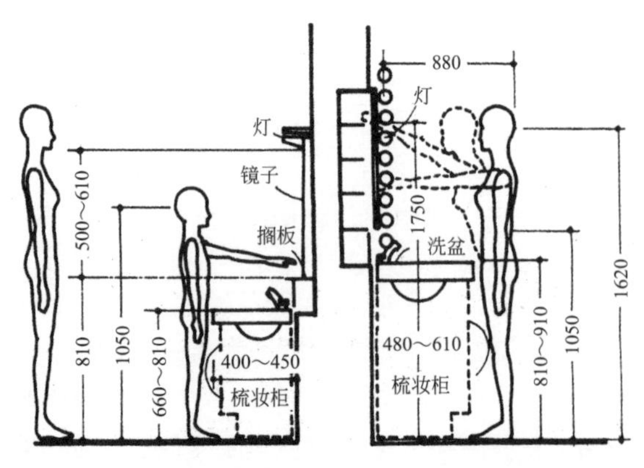

图3-25　女性和儿童的洗脸空间尺寸图（单位：mm）

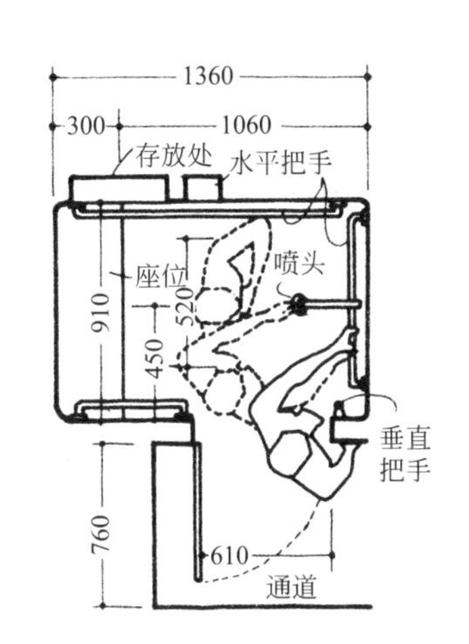

图 3-26　淋浴间平面图（单位：mm）

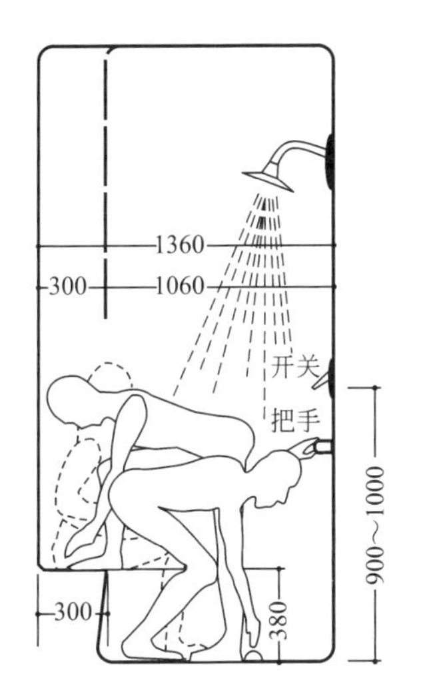

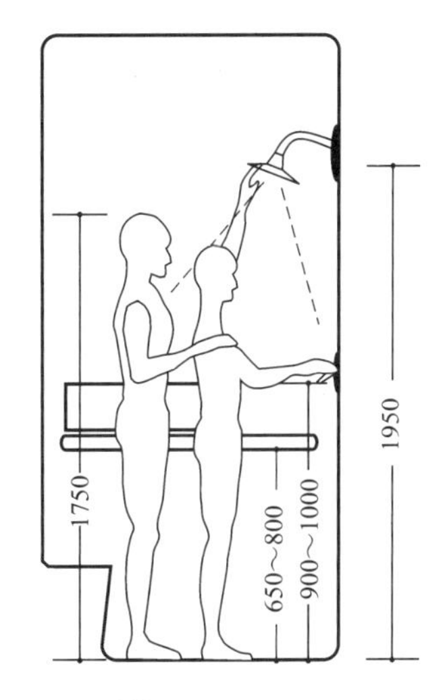

图 3-27　淋浴间立面图（单位：mm）

三、卫生空间的平面布局和基本尺寸

1.平面布局

住宅卫生空间的平面布局与气候、经济条件、文化背景、生活习惯、家庭人员构成、设备大小及形式有很大关系，因此在布局上也有多种形式。例如，有把几件卫生设备组织在一个空间中的，也有分置在几个小空间中的。卫生间的布局归结起来可分为独立型、兼用型和折中型三种形式。

现代卫生空间中的洗脸化妆部分，由于使用功能的复杂和多样化，与厕所、浴室分开布局的情况越来越多。另外，洗衣和做家务杂事的空间近年来被逐渐重视起来，出现了专门设置洗衣机、清洗池等设备的空间，与洗脸间合并在一处的也有很多。此外，桑拿浴开始进入家庭，成为卫生空间中的一个组成部分，通常附设在浴室的附近。

① 独立型。卫生空间中的浴室、厕所、洗脸间等各自独立的场合，称为独立型。独立型的优点是各室可以同时使用，特别是在使用高峰期可减少互相干扰，使用起来方便、舒适。缺点是空间面积占用多，建造成本高。

② 兼用型。把浴盆、洗脸池、便器等洁具集中在一个空间中，称为兼用型。各室功能兼用型的优点是节省空间、经济、管线布置简单等。缺点是一个人占用卫生间时，影响其他人使用，此外，面积较小时，贮藏等空间很难设置，不适合人口多的家庭。兼用型中一般不适合放入洗衣机，因为入浴等湿气会影响洗衣机的寿命。目前洗衣机都带有甩干功能，洗衣过程中带水量不多，如设好上下水道，洗衣机放于走廊拐角、阳台、暖廊、厨房附近都是可行的。

③ 折中型。卫生空间中的基本设备，部分独立部分合为一室的情况称为折中型。折中型的优点是相对节省一些空间，组合比较自由。缺点是部分卫生设备置于一室时，仍有互相干扰的情况。

除了上述几种基本布局形式以外，卫生空间还有许多更加灵活的布局形式，这主要是因为现代人给卫生空间注入了新概念、增加了许多新要求。例如，现代人崇尚与自然接近，把阳光和绿意引进浴室以获得沐浴、盥洗时的舒畅愉快；更加注重身体保健，把桑拿浴、体育设施设备等引进卫生间，使在浴室、洗脸间中可做操，利用器械锻炼身体；重视家庭成员之间的交流，把卫生空间设计成带有娱乐性和便于共同交谈的场所；追求方便性、高效率，洗脸化妆更加方便，洗脸间兼做家务洗涤空间以提高工作效率等。

2.基本尺寸

（1）卫生空间基本尺寸

卫生空间的基本尺寸是由几个方面综合决定的，一般主要考虑施工条件和技术、设备的尺寸、人体活动需要的空间大小及一些生活习惯和心理方面的因素。一般来说，卫生空间在最大尺寸方面没有什么特殊的规定，但是太大会造成动线加长、能源浪费，也是不可取的。卫生空间在最小尺寸方面各国都有一定的规定，即认为在这一尺寸之下，一般人使用起来就会感到不舒服或设备安装不下。在独立厕所方面，各国的规定相差不大，在浴室方面则有很大差别。例如，日本工业标准规定浴盆的最小长度可以是800mm，而德国则要求为1700mm，这对浴室的平面大小有很大的影响。一般公寓、集体宿舍的卫生空间面积比较小一些，个人住宅、别墅则比较自由、宽敞。当然，在有条件的情况下，应尽量考虑使用者的舒适与方便，争取设计得宽敞些。对于比较小的卫生空间，即使仅扩大100mm，都会使人感到明显的不同。

在最小面积上，家庭用的卫生空间应考虑到与公用的卫生空间不同。以独立型厕所为例，由于在家中不必穿着很多衣服和拿着东西上厕所，人活动的空间范围可以小一些。此外，家庭用的卫生空间的墙壁比较干净，即使身体碰上也没有像使用公共卫生空间那样产生厌恶的心理感觉，因此在尺寸设计上可以做得比较小。

（2）独立厕所空间尺寸

独立厕所空间的最小尺寸是由便器的尺寸加上人体活动必要尺寸来决定的。一般坐便器加低水箱的长度在745 ~ 800mm之间，若水箱做在角部，整体长度能缩小到710mm。坐便器的前端到前方门或墙的距离，应保证在500 ~ 600mm左右，以使站起、坐下、转身等动作能比较自如，左右两肘撑开的宽度为760mm，因此坐便器厕所的最小净面积尺寸应保证大于或等于800mm × 1200mm。

独立蹲便器厕所要考虑人下蹲时与四周墙的关系，一般最小保证蹲便器的中心线距两边墙各400mm，即净宽在800mm以上。长方向应尽可能在前方留出充足的空间，因为前方空间不够时人必然往后退，大便时容易弄脏便器。

独立厕所还常带有洗脸洗手的功能，即形成便器加洗脸间的空间，便器和洗脸盆间应保持一定距离，一般便器的中心线到洗脸盆边的距离要大于或等于450mm，这是便器加洗脸设备空间的最低限度尺寸。

（3）独立浴室空间尺寸

独立浴室的尺寸跟浴盆的大小有很大的关系，此外要考虑人穿脱衣服、擦拭身体的动作空间及内开门占去的空间。一般来说，小型浴盆的浴室尺寸为1200mm × 700mm，中型浴盆的浴室尺寸为1650mm × 800mm。

单独淋浴室的尺寸，应考虑人体在里面活动转身的空间和喷头射角的关系，一般尺寸为900mm × 1100mm、800mm × 1200mm等。小型的淋浴盒子间净面积可以小至800mm × 800mm。

没有条件设浴盆时，淋浴池加便器的卫生空间也很实用。

（4）独立洗脸空间尺寸

独立洗脸间的尺寸除了考虑洗脸化妆台的大小和弯腰洗漱等动作以外，还要考虑卫生化妆用品的储存空间。由于现代生活的多样化，化妆和装饰用品等与日俱增，必须注意留出充分的余地。此外，洗脸间还多数兼有更衣和洗衣的功能，有的还兼做浴室的前室，设计时空间尺寸应略扩大些。

（5）三洁具卫生间空间尺寸

典型三洁具卫生间，即把浴盆、便器、洗脸池这三件基本洁具合放在一个空间中的卫生间。由于把三件洁具紧凑布置充分利用共同面积，一般空间面积比较小，常用面积在3 ~ 4m^2左右。近些年来因大家庭的分化和2 ~ 3口人的核心家庭的普遍化，一般的公寓和单身宿舍开始采用工厂预制的小型装配式卫生盒子间。这种卫生间模仿旅馆的卫生间设计，把三洁具布置得更为合理紧凑，在面积上也大为缩小。最小的平面尺寸可以做到1400mm × 1000mm，中型的为1200mm × 1600mm、1400mm × 1800mm，较宽敞的为1600mm × 2000mm、1800mm × 2000mm等。

四、卫生洁具设备的基本尺寸

1. 浴室的设备尺寸

（1）浴盆的尺寸

浴室的主要设备是浴盆。浴盆的形式、大小很多，归纳起来可分为下列三种：深方型、浅长型及折中型。人入浴时需要水深没肩，这样才可温暖全身。因此浴盆应保证有一定的水容量，短则深些、长则浅些，一般满水容量在230 ~ 320L左右。

浴盆过小则人在其中蜷缩着会感到不舒适，过大则有漂浮感而不稳定。深方型浴盆可使卫生间的开间缩小，有利于节省空间；浅长型浴盆使人能够躺平，可使身体充分放松；折中型浴盆则取两者长处，既使人能把腿伸直成半躺姿态，又能节省一定的空间。根据研究，折中型浴盆的靠背斜靠角度在105° 时人感觉较舒适，考虑人入浴时两肘放松时的宽度，浴盆宽应大于580mm。从节约用水的角度出发，可增加靠背的斜靠角度或缩小脚部的宽度。

（2）浴盆的放置形式

这包括搁置式、嵌入式、半下沉式三种。各种形式的特点可归纳如下。

① 搁置式。施工方便、易换、检修容易，适合在楼层、公寓等地面已装修完的情况下放入。

② 嵌入式。浴盆嵌入台面里，台面对于放置洗浴用品、坐下稍事休息等有利，当然占用空间会较大。此外，应注意出入浴盆的一边，台子平面宽度应限制在100mm以内，否则跨出跨入会感到不便，或者宽至200mm以上，以坐姿进出浴盆。

③ 半下沉式。一般是把浴盆的1/3埋入地面下，浴盆在浴室地面上所余高度在400mm左右。与搁置式相比，半下沉式出入浴盆比较轻松方便，适合于老年体弱的人使用。

（3）淋浴器尺寸

淋浴可以有单独的淋浴室或在浴室里设淋浴喷头。欧美人的习惯一般是把淋浴喷头设在浴盆上方，如同旅馆用的形式；日本则设在浴盆外专门的冲洗场上，在进入浴盆浸泡之前先在外面淋浴、洗发。淋浴喷头及开关的高度主要与人体的高度及伸手操作等因素有关。为适合成人、儿童以及站姿、坐姿等不同情况，淋浴喷头的高度应能上下调节，至少可悬挂于两个高度。淋浴开关与盆浴开关合二为一时，应考虑设在坐下盆浴时和站立淋浴时手均可方便够得着的地方。

2.厕所的设备尺寸

（1）坐便器尺寸

坐便器使用起来稳定、省力，与蹲便器相比，在家庭使用场合已成为主流。坐便器的高度对排便时的舒适程度影响很大，常用尺寸在350 ~ 380mm左右。坐便器的坐圈大小和形状也很重要，中间开洞的大小、坐圈断面的曲线等必须符合人体工程学的要求。手纸盒设在便器的前方或侧方，以伸手能方便够到为准，高度一般在距地500 ~ 700mm之处。水平扶手高度通常距地700mm，竖向扶手设置在距便器先端200mm左右的前方。自动操作控制盘距地高800mm左右。

（2）蹲便器的尺寸

使用蹲便器时，腿和脚部的肌肉受力很大，时间稍长会感到累和腿脚发麻，而且蹲上蹲下对一些病人和老人来说很吃力，甚至有危险。但蹲着的姿势被认为最有利于通便。男女蹲着时两脚位置有一定差别，女性由于习惯和衣服的限制，两脚要比男性靠拢些。兼顾两者的关系，蹲便器的宽度一般在270 ~ 295mm之间，过宽会使双脚受力不稳，感到很吃力。低水箱选择角型的（可放到墙角的）比较节省空间，手纸盒的高度宜在380 ~ 500mm之间。

（3）小便器尺寸

家中男性多时设置小便器会很方便，可免去小便时容易污染坐便器的缺点，并且能节约冲洗用水。小便器分悬挂式和着地式两种，悬挂式的便斗高些，通常也可相对小些，有儿童时最好用着地式小便器。一般便斗的上缘距地高度应在530mm以下，太高在使用上会感到不便，若兼顾儿童和成人共同使用，便斗的高度可降低到240 ~ 270mm左右。小便器的宽度中型为380mm，大型为460mm。人使用小便器时的必要空间是350mm × 420mm，儿童的只略小一点。

（4）洗手池的尺寸

从卫生要求出发，便后应该洗手。现代卫生空间中为了使用方便，常把洗脸池或洗脸化妆台从厕所中分离出来，因此独立式厕所中需要另设置一个小型的洗手池。因洗手池的功能单纯，造型较为自由，形体也可小些，一般池口的尺寸为横向300mm、进深220mm左右，也可做得更小些，例如利用低水箱的上部设洗手池等，以节约空间和用水量。由于洗手人不必俯身，所以一般洗手时可比洗脸池的高度高一些，距地760mm或更高一点。洗手池所需的空间大小一般为前后600mm、左右500mm。毛巾挂钩距地1200mm左右较为适宜，并应尽量设在水池近旁，以免湿手带水弄湿地面。

3.洗脸化妆室的设备尺寸

（1）洗脸池、洗发池及化妆台的尺寸

洗脸池的高度是以人站立、弯腰、双臂屈肘平伸时的高度来确定的。男女之间有一定差别，一般以女子为标准。洗脸池太高时，洗脸时水会顺着手臂流下来，弄湿衣袖；太低则使弯腰过度。由于现代的洗脸间设备多数已由单个的洗脸池变成了带有台板的洗脸化妆台，因此其高度还要兼顾化妆和洗发等要求。一般洗脸池和化妆台的上沿高度在720 ~ 780mm左右，在我国北方人体平均身高较高地区，其高度可提高到800mm以上。洗脸时所需动作空间为820mm × 550mm。洗脸时弯腰动作较大，前方应留出充分的空间，与镜或壁的距离至少在450mm以上，所以一般水池部分的进深较大，化妆台部分则可相应窄些。洗脸池左右离墙太近时，胳膊动作会感到局促，洗脸池的中心线至墙的距离应保证在375mm以上。

洗脸池的大小主要在于池口，一般横向宽些有利于手臂活动。例如，小型池口尺寸285mm（纵）× 390mm（横）、大型池口尺寸336mm（纵）× 420mm（横）等，深度在180mm左右，一般容量为6 ~ 9L。洗脸池兼做洗发池时，为适合洗发的需要，水池要大且深些，池底也相对平些，小型的池口为330mm（纵）× 500mm（横）、大型的池口为378mm（纵）× 648mm（横），深度200mm左右，容量在10 ~ 19L之间。

新型的洗脸化妆设备，把水池和贮存柜结合起来，形成洗脸化妆组合柜。柜体的进深与高度基本一定，面宽比较自由。面宽较大时可设两个水池，例如一个洗脸池与一个洗发池，两水池之间应保证一定距离，中心线间距离在900mm以上。

（2）洗衣机、清洗池的尺寸

洗衣机分双缸半自动和单缸全自动两类，尺寸大小各个厂家有所不同。干燥机置于洗衣机上时较为节省空间，也可置于一旁。干燥机与洗衣机上下组合时，一定要考虑洗衣机操作时的必要空间，防止上方碰头或打不开洗衣机盖。洗衣机置于洗脸间的布局很多，注意必须设计好给、排水通道。

清洗池在家庭生活中是很有必要的设备，而使用洗衣机前的局部搓洗、涮鞋、洗抹布等，都需要有一个清洗池与洗脸池区别开来。清洗池一般深一些，以便放下一个搓衣板，旁边若带一个平台，将利于顺手放置东西，是较为理想的设计。

卫生洁具设备基本尺寸及用材可参考表3-2。

表3-2　卫生洁具设备基本尺寸及用材参考表　　单位：mm

名称	尺寸$L \times B \times H$	材质
浴缸	（1200 ~ 1680）× 750 ×（400 ~ 460）	玻璃钢/搪瓷/铸铁
淋浴器	（850 ~ 900）×（850 ~ 900）× 120	搪瓷
坐式大便器	340 × 450 × 450 （490）×（650）×（850） （括号中为大便器与低水箱组合的尺寸）	瓷质
洗脸池	（360 ~ 560）×（200 ~ 420）×（250 ~ 302）	瓷质/玻璃
洗衣机	（580 ~ 600）×（580 ~ 600）×（800 ~ 900）	（定型产品）
排气扇	Φ200	（定型产品）

五、卫生空间的造型及色彩设计

以上我们分门别类详细论述了卫生间的设备及人体在其中进行使用活动时的尺寸。可以看出，一个合理的卫生空间首先要把人在其中的活动安排得当、紧凑。除此之外，如果想使自己的卫生间有美观、大方的特点，还应当在装修材料的选择及照明、色彩等方面进行详细的设计。

1.卫生间的造型设计

在发达国家的住宅中，卫生间占有很重要的地位，除讲求设备的先进外，卫生间的环境也在不断变化，追求各种各样的情调，以反映户主的要求和品位。卫生间的造型一般通过以下几种方式来实现。

① 装修设计。即通过围合空间的界面处理来体现格调，如地面的拼花、墙面的划分、材质的对比、洗手台面的处理、镜面和边框的做法以及各类贮存柜的设计。装修设计应考虑所选洁具的形状、风格对其的影响，应相互协调，同时在做法上要精细，尤其是装修与洁具相互衔接部位上，如浴缸的收口及侧壁的处理、洗手化妆台面与面盆的衔接方式，精细巧妙的做法能反映卫生间的品格。

② 照明方式。卫生间虽小，但光源的设置却很丰富，往往有两到三种色光及照明方式综合作用，形成不同的气氛，起着不同的作用。

2.卫生间的色彩

卫生间的色彩与所选洁具的色彩是相互协调的，同时材质起了很大的作用。通常卫生间的色彩以暖色调为主，材质的变化要利于清洁并考虑防水，如石材、面砖、防火板等。在标准较高的场所也可以使用木质，如枫木、樱桃木、花樟等，还可以通过艺术品和绿化的配合来点缀，以丰富色彩变化。卫生间的效果图见图3-28 ~图3-30。

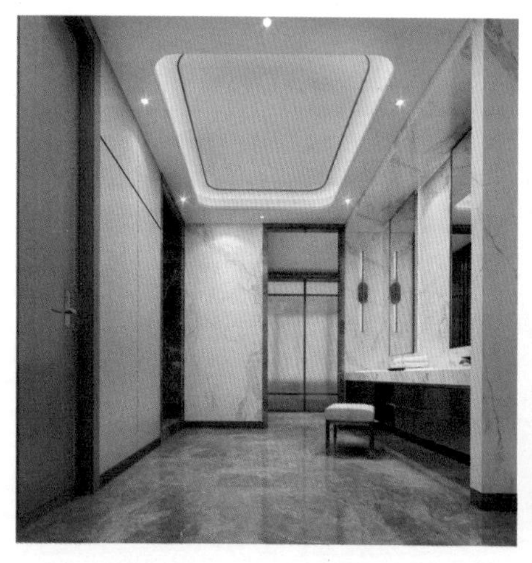

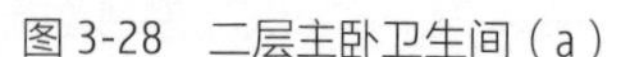

图3-28　二层主卧卫生间（a）

图3-29　二层主卧卫生间（b）

别墅的家庭休闲空间以及私人活动空间等，提升了居住空间的生活品质（图3-31 ~图3-34）。

图 3-30　三层女儿房卫生间

图 3-31　一层休闲区

图 3-32　负一层活动室（a）

图 3-33　负一层活动室（b）

图 3-34　负一层影音室

思考与练习

思考题目：扫描二维码，仔细分析“三江源”别墅设计方案，思考设计师如何运用设计手法实现风格与功能的统一？

训练题目：选取具有代表性的小户型、大户型和别墅，以表格的形式归纳整理不同户型功能空间的设计要求。

“三江源”别墅设计方案

INTERIOR DESIGN OF LIVING SPACE

居住空间室内设计

第四章
居住空间室内设计要点及案例详解

学习目标

1. 了解和掌握居住空间室内设计的要点。
2. 通过案例分析，了解室内设计师必须要有的知识结构和综合素质。

技能目标

通过本章内容的学习，能够较为熟练运用居住空间设计要点和具体要求，以理论指导项目案例实践，掌握较为基础的居住空间设计能力，提升解决相对复杂设计任务的实践能力。

素质目标

树立爱岗敬业的职业信仰，培养正确的审美、严谨的规范意识和良好的服务意识。

居住空间（住宅）室内设计是室内设计的重要组成部分。它是根据居住空间的使用性质、所处环境和相应标准，运用物质技术手段以及建筑、室内设计美学原理，创造功能合理、安全环保、舒适美观，满足人们物质和精神生活需要的居住空间环境。这一空间环境既具有使用价值，满足相应的功能要求，同时也要反映出历史文脉、社会生活、艺术气氛等精神因素。例如，卧室的室内设计，首先要满足人的生理需要，要有可供人们睡眠及配套的卧室家具，要处理好室内空间物理环境；同时，还要根据人们的心理需求做一种创造活动，使居住空间室内的装饰、灯光、色彩及空间环境气氛更加适合人们的休息、睡眠，并给人以私密感、安全感，使人们在生活、居住、心理和视觉等各方面得到满足与相互间的和谐，从而增进人生的意义。

随着时代的飞速发展，科学和文化不断进步，人们经济生活水平不断提高，人类社会已进入了一个崭新的阶段。“衣食足而知礼仪”的现代中国人，对居住空间的认知已不仅仅是人类赖以生存和精神寄托的载体及生命的摇篮了。作为人类重要的生存空间，人们已给它赋予新的内容：那应该是一个充满欢乐、祥和，充满温馨情感又富于艺术品位的优雅的人文空间。

第一节　居住空间设计的要点

居住空间对于每一个人来说，每个阶段的感觉都是不同的。人在社会这个大环境下，不断地改变着自己。当然，随着阅历、社会地位的变化，体现在居住空间中的设计和营造也会有所不同。如年轻人的家会很随意、时尚；中年人的家会稳重、舒适；老年人的家会更自然、更方便等。因此，对于居住空间的室内设计是非常重要的，设计从某种意义上来讲是连接精神文化与物质文明的桥梁，在满足人的生活需求的同时又可以规范或改变人的活动行为和生活方式，以及启发人的思维方法及创造力。

总的来说，居住空间环境的营造目的只有一个，即一切为了提高居住生活的质量，也就是在居住空间室内设计中体现“以人为本，亦情亦理”的现代设计理念，遵守“安全、健康、适用、美观”的原则。通过强调空间处理、功能布置、装饰风格及材料、设备的科学运用，满足人们生理、心理需求，针对不同家庭人口构成、职业性质、文化生活和业余爱好以及个人生活情趣等特点，设计出具有时代特色和个性风格的家居环境。

室内设计师要以多风格、多层次、有情趣、有个性的设计方案来满足拥有不同形式的居住空间、不同居住标准以及不同经济投入的住户对居住空间环境的要求。

一、居住空间室内设计影响因素分析

居住空间对于人的意义是至关重要的，它是组成一个家庭的最基本的生活要素。人们在安排好吃穿之余，总是把自己的生活重点投向室内居住环境的改善，以提高家庭生活质量，用各种物质手段营造一个舒适恬静的家。

居住空间是由客厅、餐厅、厨房、主人卧房、盥洗间或厕所、浴室构成的，它是供各个

不同家庭成员居住、活动、歇息的空间。家庭是社会结构的最基本单位，家庭因素又是居住空间价值的根本条件。构成并影响家庭居住空间室内设计的各种因素主要有以下三个方面。

1.家庭组织结构

家庭是组成社会的细胞，现代家庭多数是由父母与未成年子女所组成的小家庭，以目前情况来分析，每一个核心小家庭都可分成新生期、发展期、再生期、老人期四个阶段，由于多个阶段的家庭结构不同，对住宅环境的设计也就不同。了解每阶段的成员在年龄上的差异，在做室内设计时，就可以按每个阶段家庭对居住空间室内环境的要求，有针对性地、恰当地发挥居住空间的调节作用。例如在设计卧室时，要考虑主卧室与孩子卧室或老人卧室的区别。

2.职业特点、性格、爱好

每个家庭成员都有自己的职业特征，其性格、爱好也不完全相同。家庭的共同性格及爱好是由许多先天因素和后天条件熏陶而成的。它不仅与历史、地域和民族传统因素息息相关，而且深受教育、信仰和职业等现实条件的影响。同时，每个家庭及其成员都有其特殊的性格表现和对不同物体、色彩的爱好习惯，这些因素是室内设计师选择设计题材和决定室内形式的主要依据。因此，设计师既要兼顾家庭共同的性格、爱好因素，又要注意个别成员不同性格及不同爱好的需要，才能做出最理想的设计决策。这样，能使家庭成员获得正确的居住形式和居住环境，使各成员沐浴在至高无上的享受之中；相反，不合乎家庭性格、爱好的室内设计无疑是错误和失败的，它不仅使家庭生活受到干扰和损害，而且会给家庭的发展造成阻碍和破坏。

3.家庭经济结构

家庭的经济条件基本上是决定装饰档次的前提，不同收入的家庭对住宅装饰的要求也截然不同。但作为设计人员应懂得，一个居住空间必须在设计中加入某些智慧因素，才能产生精神方面的价值，不管什么样的经济条件，都应从以下两方面思考。

① 运用现成的经济条件去获取充分的物质基础。倘若经济不够富裕时，设计也不可草率选用低品质的材料和设备，为避免造成双重损失，可以采取分阶段实施的办法，以保障长期和经济实效。

② 充分发挥智慧条件，使有限的物质转变为无穷的精神力量。有时，对于居住空间的室内设计，除了必要时由设计师设计外，也可自己动手，使整个居住空间所呈现的风格更具个性特征。

居住空间的功能形态须根据家庭的多重需要而施行设计。多重关系指家庭成员组织、年龄差异、性格类型、教育程度、职业性质、生活方式、经济状况等。所以说，设计一个居住空间形态不仅会影响家庭生活的实质，还会影响家庭的发展方向，如果设计不合乎家庭需要，将造成生活的困扰和烦恼，更严重的还会破坏家庭的幸福及追求的理想。

居住空间室内设计要以保障安全、增进身心健康、具有一定的私密性要求为前提，满足各种物质和精神功能的需要并满足个性化的要求，以多风格、多层次、有情趣的设计方案来满足不同阶层使用者的意愿。

二、居住空间室内设计的原则

居住空间不但为人们提供了身体保护，还有助我们的身心成长与健康，从而改善个人形象。居住空间能让人们从外部激烈的生存竞争压力中解放出来，在属于个人的温馨空间中发挥自己的潜能，从而给个人的创造性发挥提供一条途径。居住空间被认为是满足人类各层次需要的核心地带。

1.确保安全与私密需要

在满足生理需要的基础上，确保居住者的安全有利于身心健康，并具有一定的私密性。它所涉及的内容包括以下几方面。

① 保持建筑结构构件的完整性和安全性。大量事例说明，随意拆改原住宅建筑包括承重墙在内的建筑结构，将严重损害其结构性能，有可能带来重大的安全隐患。

② 防止装饰构造坠落坍塌。确保室内装修所做吊顶及隔墙构造的牢固，确保吊灯等其他悬挂装饰结构的牢固可靠。

③ 防止地面材料过滑摔伤人。

④ 确保栏杆的牢固可靠。落地窗和飘窗护栏、楼梯扶手等安全装置应达到要求的高度及荷载标准。

⑤ 确保燃气装置、电器设施、上下水系统等室内设备的安全可靠。

⑥ 采用通过国家标准验证的、甲醛等有害物质排放低于国家标准的绿色环保型装饰材料，防止装饰材料对人体的伤害。

⑦ 装修的安全细节同样不可忽视。避免装饰构造尖角及锋口的出现，防止柜门、门窗拉手，以及未妥善加工处理的玻璃、石材或瓷砖的边角伤人。

设计师要事先采取有效的防范措施，考虑到每一个安全细节，以使居住空间能满足人们的安全需要。不仅是物质上的，还包括精神上的私密感和安全感。譬如利用性能良好的隔声材料、色彩温馨的双层窗帘，以保证隔离室外噪音和光污染，从而营造出宁静的个人私密空间。

2.形式美与个性化

塑造一个优美舒适的居住空间环境是每个家庭所希望的。尽管美的标准难以统一，但根据不同的经济投入和不同的居住标准，创造多种类型、风格各异、富有个性的居住空间是设计师应尽的责任，同时又是对设计师审美能力、造型水平、装饰材料和装饰手法以及色彩控制力等综合表现能力的考验。

对居住空间进行室内设计和装饰几乎是人们与生俱来的习惯。在室内设计的发展过程中，重点已由原来的室内装饰转向以空间规划、功能和结构设计、环境设计以及室内装饰技术方面。例如，灯光与照明设计、室内空间结构设计等，它们与现代建筑运动紧密联系在一起，在个性化的设计中尽可能采用新材料、新技术和新创意。在关注居住空间的功能需求的同时，还强调其形式美和个性化的内涵。设计师要满足不同收入阶层、不同文化水平人群的需要，以符合住户和使用者的意愿、适应使用特点和个性要求为依据，将美学和心理学等方面的需求综合起来考虑。设计中既可以通过色彩、造型、图案的独特运用手法来展现个性，也可以借助地域特色、民族特点和传统文化精髓的再利用与创新来突显设计的个性化特征。但要注意个性化设计的根本是精神、理念的创新，而不是简单的形式上的标新立异。

总之，设计师要通过居住空间室内设计的创作过程，将美的创意表现出来，以多风格、多层次、有情趣、有个性的设计方案，让美充满整个空间，为人们提供优雅舒适的居住空间环境。

三、居住空间室内设计的要求

居住空间室内设计要在整体构思的基础上满足人使用功能和精神功能的需求，做到布局合理、重点突出，充分利用空间，在色彩和材质的运用上要注意与整体的风格和形式相谐调统一。

1.依据使用功能，进行合理布局

居住空间的室内环境，由于空间的结构划分已经确定。除了厨房和卫生间，由于有固定安装的管道和设施，它们的位置已经确定之外，其余房间的使用功能，或一个房间内功能位置的划分，要以居住空间内部使用的方便合理作为依据。

居住空间的使用功能有家庭团聚、会客、休息、饮食、浴洗、视听、娱乐、学习、工作和睡眠等50多种。无论功能变化有多少种，组织手法有多么丰富，但是深入剖析，不难看出在居住空间的动与静、主与次的关系上是相当明确的。在公共空间，如起居室、餐厅以及家务区域的厨房，都属于人的动态活动较多的范围，属于动区。其特点是参与活动的人多，群聚性强，声响较大，用于团聚或会客，如看电视、听音乐、谈天说地、烹饪清洗等。这部分空间，可以靠近门厅和内走道之间，以便对外联系。厨房应紧靠餐厅，卧室与浴厕贴近，近年来很多的设计把客厅与餐厅连为一体，在视觉上感到十分开阔。而居住空间中的另一类私密空间，如卧室、卫生间、书房则需要安静和隐蔽，应该布置在远离入口的部位，并采取相应的措施，如走廊、隔断、凹进等手段使其隐蔽、私密等要求得到保障和尊重，不易被打扰。

在居住空间室内设计中，动的区域和静的区域必须在布局上和物理技术手段上采取多种和必要措施分隔，以免形成混杂穿套以至影响人的睡眠及心理。如卧室的门直接对着客厅，会使主客都感到不适；卫生间的门直接对着客厅，则会使人很尴尬。

另一方面，居住空间无论大与小、层次丰富与简单，都有一个核心的部分，即一个家庭的中心。这个中心就是起居室，它凝聚着家庭、联系着外界。空间往往开敞，家具的布置以及生活道具的布设也常常多样而严谨。起居室的位置和规模是突出的，它统率着整个空间系统。一方面容纳了家庭中重要的活动，另一方面解决了众多联系、交通的问题。

2.风格形式的选择与色彩、材质的协调统一

有这样一个家庭室内设计与装修的例子。妻子听说丈夫让装修公司装修新房子，事先没有和丈夫及装修公司的设计师一起商量，就去买了自己认为最喜欢、最理想的窗帘、床罩等物品。但在安装和铺设时才感到不对头，她买的这些物品与室内设计的总体风格、造型色彩以及材料的肌理效果不和谐，视觉上差异太大，结果不得不做一些必要的调整。

构思、立意，可以说是室内设计的“灵魂”。居室空间室内设计通盘构思，是指打算把居

住空间室内环境设计、装饰成什么样的风格和造型特征。需要从总体上根据家庭的职业特点、艺术爱好、人口组成、经济条件和家中业余活动的主要内容等作通盘考虑。例如，是富有时代气息的时尚风格，还是显示文化内涵的传统风格；是返璞归真的自然风格，还是既具有历史延续性又有人情味的后现代风格；是中式的，还是西式的，当然也可以是根据业主的喜好不拘一格融中西于一体的艺术风格和造型特征，但这些都需要事先通盘考虑，即所谓“意在笔先”。

在确定了室内整体风格和形式的基础上，即先有一个总的设想，然后就要从整体构思出发，详细设计室内地面、墙面、顶面等各个界面的色彩和材质。最后再着手怎样装饰，买什么样式的家具，用什么样的灯具以及窗帘、床罩等室内织物和装饰小品。

色彩是居住空间室内环境中最为敏感的视觉因素，确定室内的主色调（暖色调、冷色调、对比色调、高明度还是低明度等）十分重要，可以根据整体构思的要求确定主色调，然后采用不同的色调进行适当的配置和补充，例如以黑、白、灰为基调的无彩色系，局部配以高彩度的小件装饰品或沙发靠垫等。

居住空间室内的各个界面和家具、陈列等材质的选用，应注重人们长时间与之相接触的感受，甚至可以与肌肤接触等特点，其材质不应有尖角或过分粗糙，也不应采用触摸后有毒或释放有害气体的材料。要充分考虑视觉、触觉的亲切感受和环保方面的要求。天然材料与室内环境的有机配合，具有非凡的魅力；人工合成的高分子材料、金属、玻璃融入室内环境，更显得家有崭新的时代感。各种不同色彩的材质，在不同光照的条件下，各自显现不同的特点和特有的明暗与纹理视觉感受。

家具是居住空间室内环境的“主角”，它的选择与设计举足轻重。家具的造型、色彩和材质都与室内环境的氛围密切相关，家具的风格与样式要与整个室内的环境相协调。家具的摆放效果不是看单件家具是多么贵重和精美，而是看所有家具综合配套的水平。室内空间大，选择家具的尺度也应相应的大一些，以避免房间的空旷感；室内空间小，选择的家具也应相应的小一些，以防止房间的紧迫感。小面积的住宅应选用色调清淡一些的家具和饰物，使家具与墙面的色彩差别不至于过大而显得空间有向外延伸的感觉。

3.功能完备，组织丰富

随着社会不断进步以及人们生活质量的不断提高，居住空间在组织上、功能上、内容上也在不断地发生着变化。功能由单一到简单又到多样，并且还在随着生活内容的变化使其逐步向完备方向发展。经过分析我们不难发现，居住空间的功能已由单一的就寝、吃饭演化为集休闲、工作、清洁、烹饪、储藏、会客、展示等多种功能于一体的综合性空间系统。并且，就寝、就餐之外的空间比重还在日趋增大。当前许多高标准的住宅中，满足居住者多样的需求也已成为一种时尚。空间功能的划分走向更加细致和更加精确。细致在于住宅之中因应各种功能需求的设施也愈来愈多，并且这些必备的设施，往往影响着单元空间的形态和尺寸，甚至功能组织。如社会化生产为我们提供的厨房设备、炉具、抽油烟机、冰箱、微波炉、洗碗机等以及卫生洁具、洗衣机、吸尘器等清洁设施。这些设施的尺寸和使用方式规范不但约束着居住空间形态本身，而且给居住空间组织也带来许多制约。

同时随着居住空间功能的多样化、设施化的完备发展，居住空间系统的组织方式也更加多变，形成的空间在形态、层次上日趋多样，空间视觉观感也日渐丰富、精彩。复合性的空间形态、流动的空间形态，取代了单一、呆板的空间形态。居住空间形态水平方向和垂直方向上都在不断丰富着，并且常常是两者相互结合以产生更加动人的空间。正是功能的多样化为空间的组织手法提供了变化的余地。

4.合理利用空间，突出设计重点

近年来，居住空间环境的质量有了很大的改善和提高，建筑师也最大限度地从经济的角度提高居住空间的利用率，进而出现了很多好的住宅户型。但作为室内设计师来说，如何在现有的基础上营造新的居住空间形象，充分合理地使居住空间最大限度地发挥其功能和美感的效应，仍是居住空间室内设计的关键所在。一般而言，节约和高效利用空间的方法有以下几种。

① 在门厅、卧室、厨房和过道内适当设置吊柜和壁橱，充分利用上部空间和凹墙，设置储存空间。

② 在小型居住空间中将某些家具相互兼用或折叠。如可以翻起的床、翻板柜面和翻转餐桌，以及可做空间隔断的书柜、装饰品柜等。

③ 利用家具的空间穿插关系。如儿童房可采用上下或交错的双人床，或采用写字台和床相组合的家具，既方便使用又符合儿童的心理要求。

④ 应充分减少家具的占地面积，使家具向上发展，尽量使用体量较小的家具和组合式家具。

⑤ 利用镜面在视觉上扩大空间感。

居住空间设计首先要突出设计的重点。在整体构思的基础上确定重点内容，对设计重点有意识地突出和强调，经过周密的选择和布局使整个居住空间室内主次分明、重点突出，形成视觉中心和重点。而视觉中心的选择和确定可根据居住空间的布局及风格特点，同时结合业主的性格、爱好来确定，如客厅的壁炉和珍品陈列柜，均能引起人们的注意，书房里的字画、卧室床头的床头板都可以是设计的重点和室内的视觉中心。

从实用和经济的角度来讲，要做到功能合理、使用方便、美观大方、节省投资，必须突出装饰和投资的重点。如门厅虽小，但却是进入室内的第一印象，应从视觉和选材上精心设计使之富有特色。起居室是家人团聚、会客等使用最为频繁的地方，是家庭的活动中心，无论是从整体的风格样式还是到细部的装饰处理，在用料和色彩方面都应重点考虑。厨房和浴厕的设计和装修要尽可能一次完成，要注意色彩和材料的和谐统一以及设施设备的综合配套，特别注意产品的质量，在资金投入上要有重点的保障，这样才能有效地提高居住生活质量。

四、居住空间室内设计的要素

1.界面设计要素

（1）界面与装修

一幢建筑的结构施工完成后，所有的室内界面总是裸露着结构材料的本来面目，如砖石、混凝土、木材之类。使用适合于人在近距离观看和触摸的各种质地细腻、色彩柔和的材料进行界面的封装，称为装修。装修的目的更多地是为了满足人的视觉审美感受。

（2）空间构图

由于装修主要是在室内空间的界面上进行，因此装修设计需要合理选材，并依照一定的比例尺度进行空间构图。室内界面装修的空间构图，首先必须服从于人体所能接受的尺度比例，同时还要符合建筑构造的限定要求。在满足以上基础要素之后，运用造型艺术的规律，从空间整体的视觉形象出发，来组织合理的空间构图。

从技术的层面来讲，结构和材料是室内空间构图界面处理的基础，而理想的结构与材料，其本身也具备朴素的自然美。

（3）装修材料

装修材料的种类十分丰富，主要分为天然材料与人工合成材料两大类，常用的是木材、石材、金属、塑料、陶瓷、玻璃等几种材料。

材料是装修设计的基础。随着科技的发展，新型的材料不断涌现。设计者需要注意材料市场的变化，掌握不同材料的应用规律，从而促进装修设计水平的提高。

（4）界面处理手法

① 形体与过渡。界面形体的变化是空间造型的根本，两个界面不同的过渡处理造就了空间的个性。室内的界面形体以不同的形式处于同一空间的不同位置，需要通过不同的过渡手法进行处理。

② 质感与光影。材料的质感变化是界面处理最基本的手法，利用采光和照明投射于界面的不同光影，成为营造空间氛围最主要的手段。质感的肌理越细腻则光感越强，界面的色彩亮度就越高。具有不同质感的界面在光照下会产生不同的视觉效果。

③ 色彩与图案。在界面处理上，色彩和图案是依附于质感与光影而变化的，不同的色彩、图案赋予不同界面以鲜明的装饰个性，从而影响到整个空间。在室内空间中，色彩的变化与质感有着密切的关系，由于天然材料本身色彩种类的限制，以及室内界面色彩的中性基调，一般的室内色彩总是处于较为含蓄的高亮度的中性含灰色系，质感一般倾向于毛面的亚光系列。图案是界面本身所采用材料的纹样处理，这种处理主要应考虑纹样的类型、风格，以及单个纹样尺寸的大小、线型的倾向与整体空间的关系。

④ 变化与层次。界面的变化与层次是由结构、材料、形体、质感、光影、色彩、图案等要素的合理搭配而构成的。

2.装饰设计要素

装饰设计是设计者通过对进入室内空间所有物品的最佳选择与调配达成的。装饰设计包括固定界面装饰与活动陈设装饰两类。家具、灯具、织物、日用器物、艺术品是进行装饰设计的主体物。

界面装饰是在两个层次上进行的。装修设计实际已完成了第一层次的装饰，在装修完成的界面张贴、悬挂、铺设为第二层次的装饰。就陈设装饰而言，界面装饰只是装修设计的补充，并不是所有的空间界面都要进行装饰。一般来讲，界面装饰主要表现为两类，即物品陈设与艺术品装饰。大体可以从以下几个方面着手。

（1）家具布置

家具的摆放布置本身就是一门艺术，它是室内陈设装饰最主要的内容。家具通过与人相适应的尺度和优美的造型样式，成为室内空间与人之间的一种媒介性过渡要素。它使虚空的房间变得适于人们居住、工作、活动。

家具摆放位置是否得体除了对其使用功能产生影响外，更重要的是奠定了室内陈设装饰的基调。尤其是依墙而立的家具，对墙面的装饰构图起到了不可替代的控制作用。家具摆放在室内陈设装饰中的重要性，如同画家对画纸的要求。常用家具类型有椅凳、沙发、床、桌、架、柜橱等。

（2）灯具选型

灯具的主要作用是用于室内的照明，灯具的光照与造型同时对室内装饰起到重要的作用。现今我们所用的灯具基本上都使用电光源。就室内而言，常用的灯具有两大类：白炽灯和荧光灯。白炽灯光色偏暖、外形紧凑、尺寸较小，适合做点光源。用它照明的室内，空间层次丰富，立体感强。白炽灯是由电流通过灯丝加热发光，可以电阻的变化调节亮度，但发光率较低，只有20%，剩余的全是热量，使用寿命也较短。荧光灯是产生漫射光线的线型光源，外形为长管状，也有环形或U形，灯管适合做均匀的面光源。荧光灯是利用低压汞蒸气放电产生紫外线，使附着在管内壁的荧光粉获得能量，产生可见光，可以通过改变荧光粉的品质来控制光色，使之具有不同冷暖的变化，荧光灯的发光率较高，只产生少量热，使用寿命也较长。

灯具选型要考虑其光照的类型，光照基本上有如下类型。

① 直接照明。90%的光线直接投射到被照物上。其特点是亮度高而集中。随着灯型的变化，可用于一般空间的大面积照明或局部工作照明。

② 间接照明。也可称为反射照明，光线先投射到界面，然后再反射到被照物上。其特点是光线柔和，没有较强的阴影，适合于安静雅致的空间。

③ 漫射照明。光线从光源的上下左右均匀投射，主要靠不同的半透明材料做成灯泡或灯罩遮挡光线，使其产生漫射效果。其特点是光线稳定柔和，适用于多种场所。

④ 混合照明。综合各类灯具及配光的照明。常用的灯具类型有吊灯、吸顶灯、壁灯、地灯、台灯。

（3）绿化陈设

将植物引入室内，可使内部空间兼有自然界外部空间的因素，达到内外空间的过渡。借助绿化使室内外景色通过通透的围护体互渗互借，可以增加空间的开阔感和变化，使室内有限的空间得以延伸和扩大。

由于室内绿化具有观赏的特点，能强烈吸引人们的注意力，因而常能巧妙而含蓄地起到提示与指向的作用。

利用室内绿化可形成或调整空间，而且能使各部分既保持各自的功能作用，又不失整体空间的开敞性和完整性。

现代建筑空间大多是由直线形和板块形构件所组合而成的几何体，感觉生硬冷漠。利用室内绿化中植物特有的曲线、多姿的形态、柔软的质感、悦目的色彩和生动的影子，可以改变人们对空间的印象，并产生柔和的情调，从而改善大空间的空旷、生硬的感觉，使人感到尺度宜人和亲切。

绿化陈设的配置形式有以下几种。

① 孤植。即单株栽植，是室内设计中采用较多、最为灵活的形式，适宜室内近距离观赏。其姿态、色彩要求优美、鲜明，能给人以深刻的印象，多用于视觉中心或空间转折处。应注意其与背景的色彩与质感的关系，并有充足的光线来体现和烘托。

② 对植。是指对称呼应的布置，可以是单株对植或组合对植，常用于入口、楼梯及主要活动区两侧。

③ 群植。一种是同种花木组合群植，它可充分突出某种花木的自然特性，突出园景的特点；另一种是多种花木混合群植，它可配合山石水景，模仿大自然形态。配置要求疏密相间、错落有致，可以丰富景色层次，增加园林式的自然美。一般是姿态优美、颜色鲜艳的小株在前，形大浓绿的在后。

④ 固定与移动配置。固定形式是指将植物直接栽植在建筑完成后预留出的固定位置，如花池、花坛、栏杆、棚架及景园等处，一经栽培就不再更换。移动形式是将植物栽植于容器中，可随时更换或移动，灵活性较强。

⑤ 特定形式的配置。以特定形态的方式配置，如攀缘、下垂、吊挂、镶嵌、挂壁、盆景、插花和水生植物的配置形式。

（4）日用品陈设

每个室内都有一大堆日常所用的物品，随便乱堆不仅起不到装饰作用，而且使用起来也特别不方便。如果能够按照不同的用途在墙面、柜架、台面上有秩序地悬挂摆放，其装饰作用是很明显的。这类常用的物品有家用电器、食具、酒具、文具等。

（5）艺术品陈设

在室内，艺术品陈设本身的作用就是装饰。但也并不是任何一件艺术品都适合特定的室内，室内艺术品也不是越多越好。当家具就位、织物悬挂铺设停当、日用品摆放齐整，就可以在适当的位置选择一些合适尺寸、造型的艺术品进行装饰。墙面上多用绘画与摄影作品，台面上多用雕塑或工艺品，只要空间的视觉感舒适即可。艺术品在室内的装饰作用主要是点缀，过多过滥反而不美。常用的艺术品有绘画、摄影、雕塑、工艺品。

（6）织物装饰

织物以它不可替代的丰富色泽和柔软质感，在室内装饰中独树一帜、举足轻重。装饰织物的组合，是由室内功能即实用性、舒适性、艺术性所决定的。室内装饰织物按用途可分为以下七类。

① 隔帘遮饰类。包括窗帘、门帘、隔帘、帷幕、帐幔、屏风等。

② 床上铺饰类。包括床单、床罩、被褥、蚊帐、床围、枕套等。

③ 家具蒙饰类。包括凳罩、椅罩、沙发罩、靠垫、台布、电器罩等。

④ 地面铺饰类。包括手工编织、机织、针刺、枪刺、簇绒等地毯。

⑤ 墙面贴饰类。包括无纺、针刺、机织等墙布。

⑥ 陈设装饰类。包括壁挂、灯罩、摆饰等艺术欣赏品。

⑦ 卫生餐厨类。包括毛巾、浴巾、浴帘、餐巾、餐垫等。

在实际应用中起主导作用的主要是前四类：窗帘、床罩、家具布和地毯。其主要原因一是由于它们的普及性，二是由于它们的使用范围较广。只要这四类织物组合得体，其他的织物装饰问题就容易解决了。

织物装饰设计一般遵循统一与对比、主从与重点、均衡与稳定、对比与微差、节奏与韵律、比例与尺度的艺术处理法则。

五、居住空间的组织

室内的空间设计主要靠对空间的组织来实现，空间组织主要表现于空间的分隔与组合。根据空间特点、功能与用户心理要求以及艺术审美特征的不同，室内空间的分隔与组合表现为多种类型，具体内容如下。

1. 空间的分隔

空间分隔在界面形态上分为绝对分隔、相对分隔、意象分隔三种形式。

以限定度高的实体界面分隔空间，称为绝对分隔（限定度：隔离视线、声音、温湿度等的程度）。绝对分隔是封闭性的，分隔出的空间界限非常明确，具有全面抗干扰的能力，保证了安静私密的功能需求。实体界面主要由到顶的承重墙、轻体隔墙、活动隔断等组成。

以限定度低的局部界面分隔空间，称为相对分隔。相对分隔具有一定的流动性，其限定度的强弱因界面的大小、材质、形态而异，分隔出的空间界限不太明确。局部界面主要由不到顶的隔墙、翼墙、屏风、较高的家具等组成。

非实体界面的分隔空间，称为意象分隔。这是一种限定度很低的分隔方式。空间界面虚拟模糊，通过人的“视觉完形性”来联想感知，具有意象性的心理效应，其空间划分隔而不断、通透深邃、层次丰富、流动性极强。非实体界面是由栏杆、罩、花格、构架、玻璃等通透的隔断，以及家具、绿化、水体、色彩、材质、光线、高差、音响、气味、悬垂物等因素组成。

空间分隔具有以下几种典型的方法。

① 建筑结构与装饰构架。利用建筑本身的结构和内部空间的装饰构架进行分隔，具有力度感、工艺感、安全感，结构架以简练的点、线要素组成通透的虚拟界面。

② 隔断与家具。利用隔断和家具进行分隔，具有很强的领域感，容易形成空间的围合中心。隔断以垂直面的分隔为主；家具以水平面的分隔为主。

③ 光色与质感。利用色相的明度、纯度变化，材质的粗糙平滑对比，照明的配光形式区分，达到分隔空间的目的。

④ 界面凹凸与高低。利用界面凹凸和高低的变化进行分隔，具有较强的展示性，使空间的情调富于戏剧性变化，活跃与乐趣并存。

⑤ 陈设与装饰。利用陈设和装饰进行分隔，具有较强的向心感，空间充实，层次变化丰富，容易形成视觉中心。

⑥ 水体与绿化。利用水体和绿化进行分隔，具有美化和扩大空间的效应，充满生机的装饰性使人亲近自然的心理得到很大满足。

2. 空间的组合

空间组合有以下几种形式。

① 包容性组合。以二次限定的手法，在一个大空间中包容另一个小空间，称为包容性组合。

② 邻接性组合。两个不同形态的空间以对接的方式进行组合，称为邻接性组合。

③ 穿插性组合。以交错嵌入的方式进行组合的空间，称为穿插性组合。

④ 过渡性组合。以空间界面交融渗透的限定方式进行组合，称为过渡性组合。

⑤ 综合性组合。综合自然及内外空间要素，以灵活通透的流动性空间处理进行组合，称为综合性组合。

六、居住空间的合理利用

住宅内部空间的分隔与组合就是把户内不同功能空间通过综合考虑有机地连接在一起，从而使居住空间得到合理的利用。

住宅内部空间的大小、多少以及组合方式与家庭的人口构成、生活习惯、经济条件、气候条件紧密相关，户内的空间组合应考虑多方面的因素。

1. 功能分析

户内的基本功能需求包括会客、娱乐、就餐、炊事、睡眠、学习、盥洗、便溺、储藏等，不同的功能空间应有特定的位置和相应的大小面积。设计时，必须把各空间有机地联系在一起，满足家庭生活的基本需要。

（1）功能分区

功能分区就是将户内各空间按照使用对象、使用性质、使用时间等进行划分，然后按照一定的方式进行组合。把使用性质、使用要求相近的空间组合在一起，如厨房和卫生间都是用水房间，将其组合在一起可节约管道，利于防水设计等。在设计中主要注意以下几点。

① 内外分区。按照住宅使用的私密性要求将各空间划分为“内”“外”两个层次。对于私密性要求较高的，如卧室应考虑在空间序列的底端；而对于私密性要求不高的，如客厅等安排在出入口附近。

② 动静分区。从使用性质上看，厅堂、起居厅、餐厅、厨房是住宅中的动区，使用时间主要为白天，而卧室是静区，使用时间主要是晚上。设计时应将动区和静区分别相对集中，统一安排。

③ 洁污（干湿）分区。就是将用水房间（如厨房、卫生间）和其他房间分开来考虑，厨房、卫生间会产生油烟、垃圾和有害气体，相对来说较脏，设计中常把它们组合在一起，也有利于管网集中、节省造价。

（2）合理分室

合理分室包括两个方面，一是生理分室，二是功能分室。合理分室的目的就是要保证不同使用对象各有适当的使用空间。生理分室就是将不同性别、年龄、辈分的家庭成员安排在不同的房间。功能分室则是按照不同的使用功能要求，将起居、用餐与睡眠分离，工作与学习分离，满足不同功能空间的要求。

2. 住宅内部空间组合的设计要求

（1）必须有齐全的功能空间

随着物质和文化生活水平的不断提高，人们对居住环境的要求也越来越高。住宅的生理分室和功能分室将更加明确、细致、合理，人与人、室与室之间相互干扰的情况将逐步减少。每套住宅都应功能空间齐全，才能保证各功能空间的专用性，确保不同程度的私密性要求。

住宅的功能特点可概括为以下几方面。

① 农业与生产上的功能。这里主要是指小城镇低层住宅，它除了是农业生产收成后的加工处理和储藏场所外，还是农民从事副业生产的地方。所以，功能空间的设置不仅要考虑传统农业的生产所需，更应该考虑到未来因工作形态的改变而带来生产空间的变化。

② 社会与行为上的功能。住宅是居民睡眠、休息、家人团聚以及接待客人的场所。所以住宅是每一个家庭成员生活行为以及与他人相处的社交行为场所。它的空间分隔在一定程度上反映出家庭成员之间的各种关系，同时还需要满足每一个居住者生活私密性及社交功能的要求。

③ 环境与文化上的功能。住宅室内的居住环境及设备，应能满足居民生理上的需求（如充足的光照、良好的通风等）及心理上的安全感（如安心休息睡眠、健康的生活等）。室外环境（如庭院布置、住宅造型等）也应能配合当地的自然条件、技术发展及民情风俗等因素来建设，以使住宅及住宅小区的发展与自然环境融为一体，并延续传统的建筑风格。

根据住宅的功能特点，考虑到居住生活的使用要求，住宅应能满足其遮风避雨、生产活动、喜庆社交、膳食烹饪、睡眠静养、卫生洗涤、储藏停车、休闲解乏和客宿休憩等功能。对于一些有特殊要求的小城镇住宅，还应满足生产活动的需要。为了满足这些要求，低层庭院住宅要做到功能齐全，一般应设置厅堂、起居厅、餐厅、厨房、卧室（包括主卧室、老年人卧室及若干间一般卧室）、卫生间（每层设置公共卫生间、主卧室应有标准较高的专用卫生间）、活动室、门廊或门厅、阳台等空间。在使用中，还可以根据需要通过室内装修把部分一般卧室改为儿童室、工作学习室、客房等。而多、高层住宅应有门厅、起居厅、餐厅、厨房、卧室、卫生间、储藏间、阳台等。

（2）功能空间要有适度的建筑面积和舒适合理的尺度

住宅的建筑面积应和家庭人口的构成、生活方式的变化以及居住水平的提高相适应。如果家中人多，社交活动频繁，在家工作活动较多，而居住面积太小，就会有拥挤的感觉，彼此互相干扰严重，使得每个人都心烦气躁；而人少，各种家居活动也少，面积太大就会显得冷冷清清，孤独寂寞感就会侵袭心头，甚至房屋剩余空间太多，少有人走动，使得空间湿气重、阳光不足、通风不良，因此就缺乏人气。

各功能空间的规模、格局等应根据各功能空间人的活动行为轨迹以及立面造型的要求来确定。厅堂是接待宾客、举办对外活动中心的共同空间，是住宅最重要的功能空间，因此它所需的面积也是最大的；起居厅是家庭成员内部共享天伦之乐的共同空间，也应有较大的空间，如果没有足够大的起居厅，就很难做到居寝分离，更谈不上公私分离和动静分离；卫生间在现代家居中所扮演的角色越来越重要，已成为时尚家居的新亮点，体现现代家居的个性、功能性和舒适性，卫生间的面积也需要扩大；为了使得厨房能够适应向清洁卫生、操作方便的方向发展，厨房必须有足够大的平面以保证设备设施的布置和交通路线的安排；而卧室由于功能逐渐趋向于单一化，则可适当缩小。这也是现在所流行的“三大一小”。

国家住宅与居住环境工程中心编写的《健康住宅建设技术要点（2004年版）》中提出了住宅功能空间低限净面积指标，见表4-1。

表4-1 住宅功能空间低限净面积指标

项目	低限净面积指标/m^2
起居厅	16.2（3.6m × 4.5m）
餐　厅	7.2（3.0m × 2.4m）
主卧室	13.86（3.3m × 4.2m）
次卧室（双人）	11.7（3.0m × 3.9m）
厨房（单排型）	5.55（1.5m × 3.7m）
卫生间	4.5（1.8m × 2.5m）

综合我国目前一般居民的家庭构成和生活方式，并对今后一定时期进行预测，同时参考相关经济发达国家和地区的资料，可以得出住宅各功能空间合宜尺寸及建筑面积，具体参照表4-2。

表4-2 住宅各功能空间合宜尺寸及建筑面积

功能空间名称		厅堂	起居厅	餐厅	厨房	卧室			卫生间	车库	活动室	楼梯间
						主卧室	老年人卧室	一般卧室				
合宜尺寸	宽/m	≥3.9	≥3.9	≥2.7	≥1.8	≥3.3	≥3.3	≥2.7	≥1.8	≥2.7	≥3.9	≥2.1
	长/m									≥5.1		
建筑面积/m^2		20～30	20～25	12	8	20	14	9～12	5～7	16～24	20	10

（3）平面设计的多功能性和空间的灵活性

住宅内部使用空间的分配原则，是以居民生活及工作行为等实用功能的需要来考虑的，这些需要随居住人口和居住形态的变化、生活水平的提高以及家用电器的设置等都有可能发生变化。这在住宅设计中应引起重视。为了适应这种变化，住宅的使用空间也需要重新调整。卧室之间，主卧室与专用卫生间之间，厨房与餐厅之间，厅堂、起居厅、活动室与楼梯之间以及卫生间的隔墙都应做成非承重的轻质隔墙，这样才能在不影响主体结构的情况下，为空间的灵活性创造条件，以适应平面设计多功能性需要。

（4）精心安排各功能空间的位置关系和交通动线

随着住宅从生存型向舒适型发展，住宅一般都较为宽敞。面积较大的住宅，如果未能安排好其与居住质量密切相关的“动线设计”，容易导致居住人员工作时间延长并增加身心疲惫感。因此，住宅居住质量不能仅以面积大小为依据，而更应重视各功能空间的位置关系、交通动线的精心安排。

按照功能空间的用途，居室分为生活区、睡眠区和工作区。

① 生活区。是工作后休闲及家人聚会的场所，包括厅堂、起居厅、活动室及书房等。

② 睡眠区。以往这里是纯供睡觉的地方，现在也是读书、做手艺及亲子交谈的场所。

③ 工作区。是居民日间主要活动场所，如厨房、洗衣间、储藏间。

按照功能空间的性质，居室分为家庭共同空间和私密性空间。

① 家庭共同空间。它是家庭成员进行交谈、聚集以及举办喜庆事的场所，也是招待亲朋的地方，是家庭中对外的空间，主要包括厅堂、餐厅、起居厅以及活动室。

② 私密性空间。它指的主要是卧室区。这一空间随着休闲时间的增加和教育的普及越来越重要。它是为居住者提供学习、从事休闲活动以及做手工家务的地方。

按照功能空间的特点，居室可分为开放空间、封闭空间和连接空间。

① 开放空间。一般是指厅堂、起居厅和活动室等供家庭成员谈话、游戏、招待客人的场所。这里可以通往室外，它是家庭中与户外环境关系最密切的地方。

② 封闭空间。封闭空间能使居住者身在其中而产生宁静与安全的感觉。在这里，无论休息或工作均不被人干扰或干扰别人，是完全属于使用者自己的天地，这些空间有卧室、客房、书房及卫生间等。

③ 连接空间。它是室内通往室外的连接部分，这一空间具有调节室内小气候的功能，同时也可调节人们在进出住宅时生理上及心理上的需求。门廊（或雨棚下）及门厅都属于这一空间范围。

通过以上分析，区与区之间、各功能空间之间应该根据其在生活中的作用及其互相间的关系进行合理组织，并尽可能使关系密切的功能空间之间有着最为直接的联系，以避免出现无用空间。

在低层庭院住宅中，把工作区和生活区连接布置在底层，提高了使用上的便捷性，而把睡眠区布置在二层以上，这样把家庭共同空间与私密性空间分为上、下两部分，可以做到动静分离、公私分离。

在低层庭院住宅的平面布置中，由于家庭共同空间的使用率高，应充分吸取传统民居以厅堂和起居厅分别作为家庭对外和家庭成员活动中心的原则。在底层把生活区的厅堂放在住宅朝向最好及最重要的位置，后侧布置工作区，既保证生活区与工作区的密切联系，又由于有两个出入口，可以做到洁污分离。把二层起居厅安排在住宅朝向最好及最重要的中间位置，后侧设置私密性空间，这样可以使每个房间与家庭共同空间的起居厅直接联系，使生活区得到充分的利用。“有厅必有庭”是福建传统民居的突出特点之一，也是江南各地带有天井民居的常用手法。这种手法把敞厅与庭院或天井内庭在平面上互相渗透，使得人与人、人与自然交融在一起，颇富情趣。为了使住宅中的家庭共同空间宽敞舒适与空间层次丰富，还可以采取纵横分隔与渗透的手法。

低层庭院住宅设计中，在横的方向上，底层的厅堂与庭院、餐厅与庭院（或天井内庭）、楼层的起居厅（或活动室）与阳台露台有直接的联系，两者之间可用大玻璃推拉门分隔，既可扩大视野，给人以宽敞、明亮的感觉，又便于与室外空间联系，密切邻里关系，还便于对户外活动的孩子和老人进行照应。为了适应现代家居生活的需要、扩大视觉空间、创造生活情趣，还应重视厅堂、起居厅、活动室、餐厅与楼梯之间以及厅堂与餐厅之间的互相渗透。在纵的方向上，为了通过楼梯把底层的厅堂和楼上的起居厅、活动室联系起来，可以把楼梯组织到客厅和起居厅、活动室中，这样安排既可在垂直方向扩大视觉空间，又能加强家庭共同空间的垂直联系、增加生活气息、活跃家居气氛。

在进行低层庭院住宅和跃层式多层住宅楼层的布置时，由于各层相对独立，只要把楼梯间的位置布置合适，就能较为方便地组织好上下关系。但应注意不要让上层卫生间设备的下水管和弯头暴露在下层主要功能空间室内，最好是各层卫生间上下垂直布置。这在低层庭院住宅的平面布置中是较难完全做到的。这时可以在底层厨房、餐厅、洗衣房及车库的上面一层布置卫生间，管道可以用吊顶乃至露明（如车库内）处理，应尽量避免在厅堂、起居厅、活动室及卧室上层布置。实在避不开时，应将其靠在墙角，结合室内装修、空间处理，局部吊顶或做成夹壁、假壁柱等将水平及立管隐蔽起来。

在功能空间布置齐全、提高功能空间专用程度的基础上，通过精心安排各功能空间的位置关系和交通动线，就能够实现动静分离、公私分离、洁污分离、食居分离、居寝分离等，充分体现出城镇住宅的适居性、舒适性和安全性。

第二节　案例分析

我们精选了两个具有代表性的不同体量的项目案例，它们综合了“居住空间室内设计”需要的理论知识、专业技能和职业素养。因此，需要认真、反复学习研究，弄懂弄通、学以致用。

一个项目的完成，设计师要经过了解业主需求、现场勘验、设计构思、确定方案、制作图纸、核定预算、施工组织、交付验收等一系列环节。作为项目案例的分析过程，重点在于提供一些可操作性的设计起始流程和思考。希望通过这两个案例，学习者能了解设计师的工作内容和过程，并进行一定的思考。

案例分析一

我们以沈阳杨婷装饰设计有限公司“金地滨河”项目为例，对普通单元户型室内空间设计过程进行完整的分析。

任务一　承接项目

该住宅项目是小高层一梯两户的框架式结构住宅，建筑面积为122m^2，布局采用两室两厅一厨两卫的形式。业主与设计师在商业项目上有成功的合作，非常认可设计师的能力，于是就有了这次私宅设计的委托。双方在对家的理解上有共同的认识，认为家是情感的容器，承载着当下的美好和对未来的期待，暖暖的，带着爱的温度。

任务二　方案设计

一、业主需求

本案业主一家四口，夫妻二人共同经营一家企业，女宝5岁，男宝2岁。业主对生活品质有较高的要求，尤其对孩子的成长环境极为关注，希望提供能够让孩子快乐生活的轻松的家居氛围。女主人希望通过设计能够实现方便、有序、高效的家务活动，空间能够得到有效的利用。综合这些因素，设计师在整个任务中要重点考虑以下几个问题：

① 客厅要兼顾休闲娱乐和孩子们玩耍的需求；

② 女主人在操持家务的时候要兼顾照看孩子；

③ 男宝需要与父母同住，考虑舒适的睡眠空间；

④ 需要两个卫生间和独立的衣帽间；

⑤ 要有足够的储藏空间用来收纳，尤其是小朋友的玩具。

设计师认为：“对家装来说，抓住业主切实的需求，为每个人内心的故事留下演绎的空间和可能性，找到情感表达的出口，这便是设计的价值所在。”针对以上的要求，设计师在如何实现功能的叠加和穿插以及情感的升温等方面开展设计，并以“暖暖”作为创意主题。

二、现场勘验

1. 测量户型图

设计师根据开发商提供的建筑图纸，结合现场实地测量，得出了较为准确的原始户型图。图纸中对层高、窗高、梁的高和宽、强弱电箱以及上下水位置等均做了详细的标注，这是准确、高效完成设计任务的关键（图4-1）。

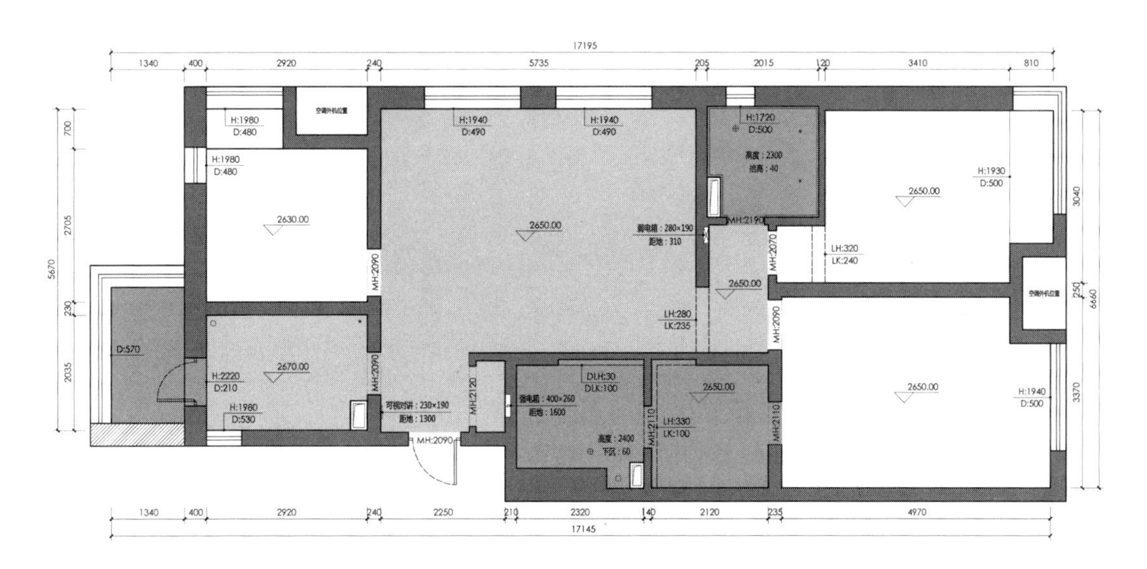

图 4-1　原始户型图（单位：mm）

2. 土建基本情况分析

通过对图纸的分析得知，本案户型为框架式结构，动静分区布局较为合理，需要改动结构的地方不多。由于是东山的户型，尽管客厅位置有窗，但是仍存在视野不够开敞、空间内房门较多显杂乱的问题。业主希望能对布局做调整，实现一家人情感交流、其乐融融的温馨氛围。

三、设计构思

业主对家的功能需求和情感链接，围绕着两个宝贝展开，设计要同时满足男主人对生活品质的要求、女主人对人性化细节的周全考虑，还要考虑偶尔老人会小住帮忙照顾孩子的情况。

本案的设计构思意在通过打通多处墙体，形成开放式格局，释放出更多空间，为功能的转化提供更多可能性。设计师计划从布局、色彩、材料等几个方面紧紧围绕“暖暖”这个主题，营造紧凑、有序、家庭成员之间情感交流无障碍的高品质居住空间。

本案使用现代主义风格设计，包括玄关、客厅（家庭主要活动区）、厨房、餐厅、卧室、衣帽间、卫生间和家务区等功能区域，采用简洁的造型、明快的色块和较为常见的装饰材料，塑造良好的人居环境，装修工程造价约为10万元（不包含家具和配饰）。

四、确定方案

设计师与业主多次沟通，反复商讨，最终确定了布局方案（图4-2）：进门处，打通了玄关的墙体，让推门而入的视野更加开阔；打通厨房和餐厅的墙体，把封闭式厨房改造成了一个开敞式的厨房，具有扩大空间的视觉效果；划分出玄关通往卧室的过廊，靠客厅一侧设置半面墙壁增加空间虚实转换的趣味性；封闭次卫原来的入口，改在过廊方向开门，日常使用更加方便。

图4-2　平面布局图

五、制图阶段

设计师的设计构思得到了业主的认可，下一步就可以开始细化设计了。设计师以黑白灰的色彩为主调，处理墙和地面之间大块面的关系，恰到好处地营造极简风格，空间凸显利落大气，再点缀柔和的粉和热情的橘色，使住宅品质感与时尚气息呼之欲出。

这个阶段使用软件来辅助设计，绘制施工图和效果图，能够丰富完善设计细节，进一步实现设计目标（图4-3、图4-4）。

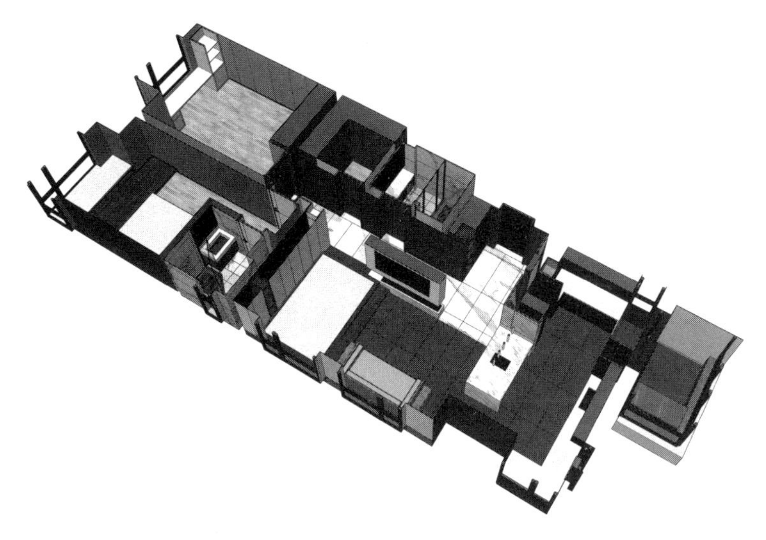

图 4-3　平面布局鸟瞰图

图 4-4　客厅效果图

任务三　文本制作

文本图册的作用是让业主全面系统的了解设计方案，将确立主题和设计构思的过程、色彩和材料的选用以及施工图、效果图、设计说明等以最佳的效果呈现给业主（图4-5、图4-6）。

为更好的让业主理解设计师的意图，设计师对每个空间的特点都进行了简要的描述，即设计说明。

① 进门处，打通了玄关的墙体，让推门而入的视野更加开阔，大块面亮色的地砖提升整个空间的底色，这是温馨的家应有的清新和随性。

② 客厅是一家人活动的核心区域，过廊处的半面墙壁增加空间虚实转换的趣味性，既为电视机找到了合适位置，又让下方壁炉的热度辐射到周围。

图 4-5　文本封面

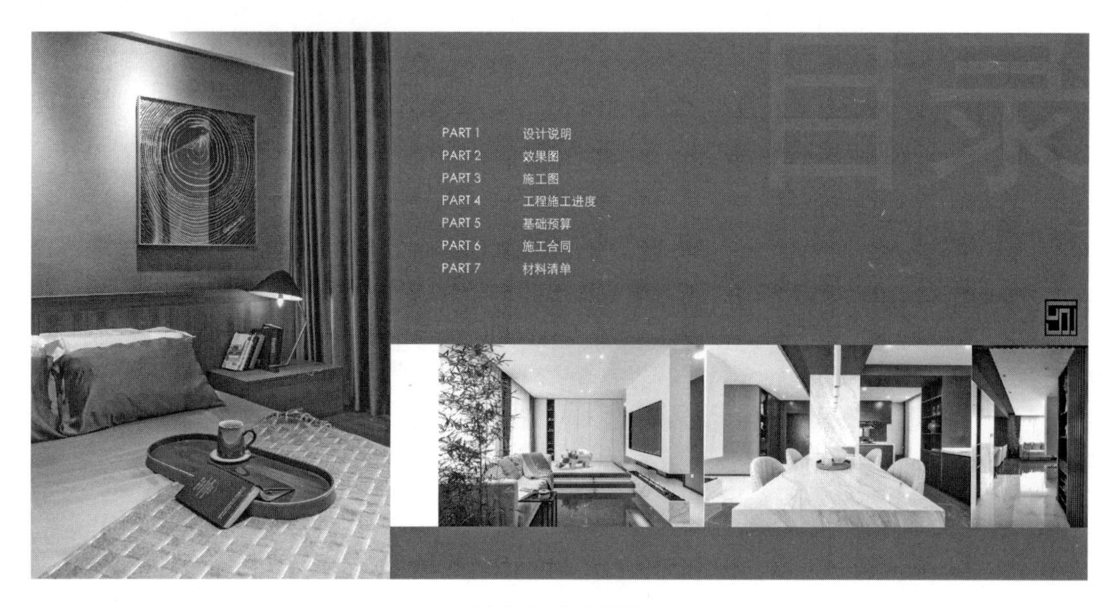

图 4-6　文本目录

③ 沙发和榻榻米的结合是最大的点睛之笔，承载了大人的娱乐和孩子们的玩耍，去掉了传统的茶几孩子跑起来更安全，偶尔小住的老人也可以在榻榻米上享受舒适的睡眠空间。当老人和孩子都感到被呵护、被照顾，家的氛围自然被浓浓的爱意填满。

④ 厨房的设计也改变了墙体原有的结构，把封闭式厨房改造成了一个开敞式的厨房，具有扩大空间的视觉效果，平添了整体现代风格的时尚性。女主人的在厨房料理晚餐，照应着客厅玩耍的孩子们，体会最平凡的日常带来的踏实与富足，日常的沟通、家人间的关怀在家务时光中完成了情感的传递。

⑤ 女宝和男宝都是需要和父母同住的年纪，主卧在大床两侧分别设矮床，左右略矮并带

有高度差，保证大人和孩子的舒适睡眠空间，既安全又有趣味性。

⑥ 衣帽间采用了浅色木纹地板和深色衣柜的设计风格，不经意间带出高级感，并方便两间卧室共同使用。

⑦ 次卧是粉嫩的女儿房，俏皮不呆板，在书桌的设计上并没有按照传统书桌靠墙或靠床，而是面向窗台，享受窗外的景色，增添一股时尚的气息，见证小宝贝到小公主的梦想飞跃。

⑧ 主卫在主卧之内，次卫靠近玄关，老人和孩子在夜里使用可以互不打扰，家人和客人使用也更方便，保持私密性。

⑨ 拥有独立的洗衣房一直是女主人的梦想，能够承载大量的洗晒工作，晒满阳台的衣裙五彩缤纷，如同甜美而温暖的家，迎着风和阳光，追逐美好。

任务四　方案实施

本阶段的主要任务是项目施工。虽然设计师的设计任务已经完成，但是依然需要高度重视实施阶段的工作，也就是要向施工方讲解设计意图，对设计图纸进行技术交底。

在施工方施工过程中，可能会遇到施工实际操作与设计方案不协调，或者有冲突，作为方案的设计者，设计师应当首先根据施工方的异议，检查制作的设计图纸。若设计图纸的某处的确存在不可行性，或者错误，设计师要马上对图纸进行修改调整。

设计师在施工方进行施工的过程中，要及时解答施工方提出的有关设计内容的疑问。当施工方遇到施工困难时，设计师应及时到达施工现场，查看施工困难的原因，对照设计图纸，根据实际情况与施工方共同商讨解决办法，或者在现场对设计方案做相应的调整。

任务五　工程交付

工程结束后，设计师除了要参与工程的验收，还需要对工程实景进行拍摄，作为资料保存（图4-7）。

图 4-7　客厅实景

案例小结

此案例学习的重点在于根据业主对家的功能和亲情的需求，对空间的叠加和穿插处理。有两个宝宝的家庭，而且户型面积不是很大，不能像大户型般房间功能区分明显，这就比较考验设计师对空间的把握能力。此案例具有一定的典型性，认真研读后可以举一反三，再处理此类设计项目就游刃有余了。

详细了解此案例的施工图、效果图、工程预算和竣工实景图，请扫描本章思考与练习案例1的二维码。

案例分析二

我们以沈阳点石装饰工程有限公司“新湖湾”别墅项目为例，对别墅空间室内设计过程进行完整的分析。它综合了“居住空间室内设计”需要的理论知识、专业技能和职业素养。因此，需要学生认真、反复学习研究，弄懂弄通、学以致用。

任务一　承接项目

一、项目介绍

本案例是位于别墅区内建筑面积为260m^{2}的三层框架结构的五室两厅三卫住宅，建筑形式倾向于简约欧式。

二、接受业主委托

该住宅的业主何先生通过朋友的介绍认识了本案的设计师。通过交谈，双方有了一定的了解。何先生对本案设计师以前做的案例很感兴趣，于是决定把自己刚置业的一套新房委托给该设计师，所以有了该住宅设计项目。

任务二　方案设计

一、交流阶段

1.业主情况

本案业主为三口之家，夫妻二人均为80后，何先生为某房产公司高层，妻子为某外资企业业务经理，两人有一个4岁的儿子。

2.业主情况分析

经过进一步的交往，设计师对何先生及其家人的情况有了更为详细的了解。何先生为当地人，国内名校本科毕业，欧洲留学获得硕士学位，有一定的文化修养，做事认真负责，勤于学习，在社会上有一定的地位。何先生的妻子是典型的东方女性，对生活质量有很高的要求，生活条理性极强，对于孩子的教育及个人素质相当重视。夫妻双方对住宅的户型布局基本满意，但也提出了自己的见解。女主人非常重视衣帽间和厨卫空间的功能，要求实用且贴近生活。夫妻二人均对浪漫高雅的轻奢情调和现代时尚设计元素比较喜爱，追求工作之余享受“慢生活”,想在设计中传递一种居所无拘无束的自在感受。

何先生的儿子活泼好动，从小就在父母和长辈的关爱下快乐地成长，非常喜欢动漫人物，对外界事物充满好奇。

针对何先生家庭成员的需求情况，考虑到如下问题。

① 夫妻二人均有较高的文化素养，他们的生活品位要在本案中体现。

② 维护夫妻间的情感关系，不仅需要他们自身的努力，也需要营造一个温馨浪漫的私密空间。

③ 夫妻二人非常关心孩子的成长，儿童房要舒适而富有活力。

④ 何先生的父母居住在外地，退休在家安享晚年，偶尔会在何先生家小住，因此需要为他们考虑住房的问题。

⑤ 何先生的岳父母均为本地居民，退休在家安享晚年，身体硬朗，拥有自己的住房，所以不用考虑客房问题。

⑥ 女主人不希望日常生活有外人打扰，因此没有请保姆，会定期请钟点工做清洁。

⑦ 何先生交际圈较广，且有欧洲留学背景，应考虑具有特色的会客空间。

⑧ 本案的设计点应以创造和谐整体的居住空间为目的，同时体现何先生家的个性所在。

二、现场勘验

1.测量户型图

进入项目现场测量户型图，根据现场情况进行详细的尺寸标注，同时配以实际场景照片，便于后期设计。

现场测量草图如图4-8 ～图4-10所示。

2.土建基本情况分析

通过实地勘验和对物业提供的图纸进行分析得知，该别墅空间为框架结构，户型布局基本合理，同时也得到了业主的认可，但是局部功能需要调整。业主对二层即家庭成员起居区域的功能分区要求较高，希望实现实用性与合

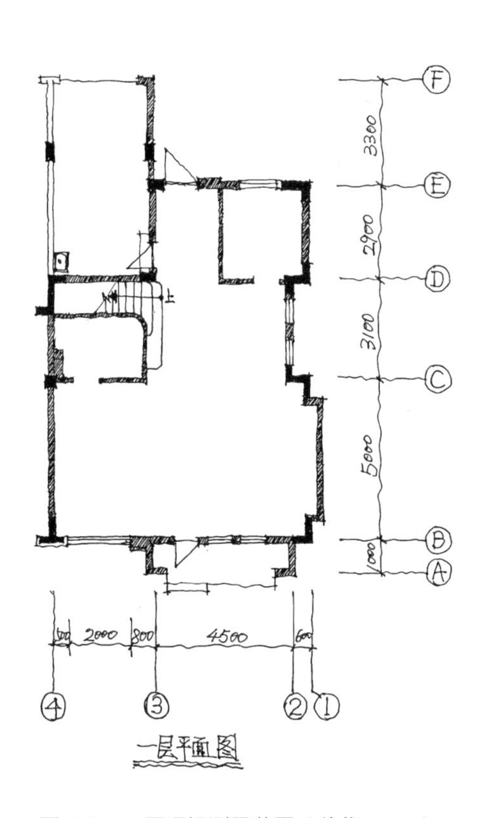

图 4-8　一层现场测量草图（单位：mm）

理性的统一，而原房屋空间结构不能满足业主要求，设计时应在空间组织、尺度运用等诸多方面进行调整，更好地把设计与使用功能密切结合。

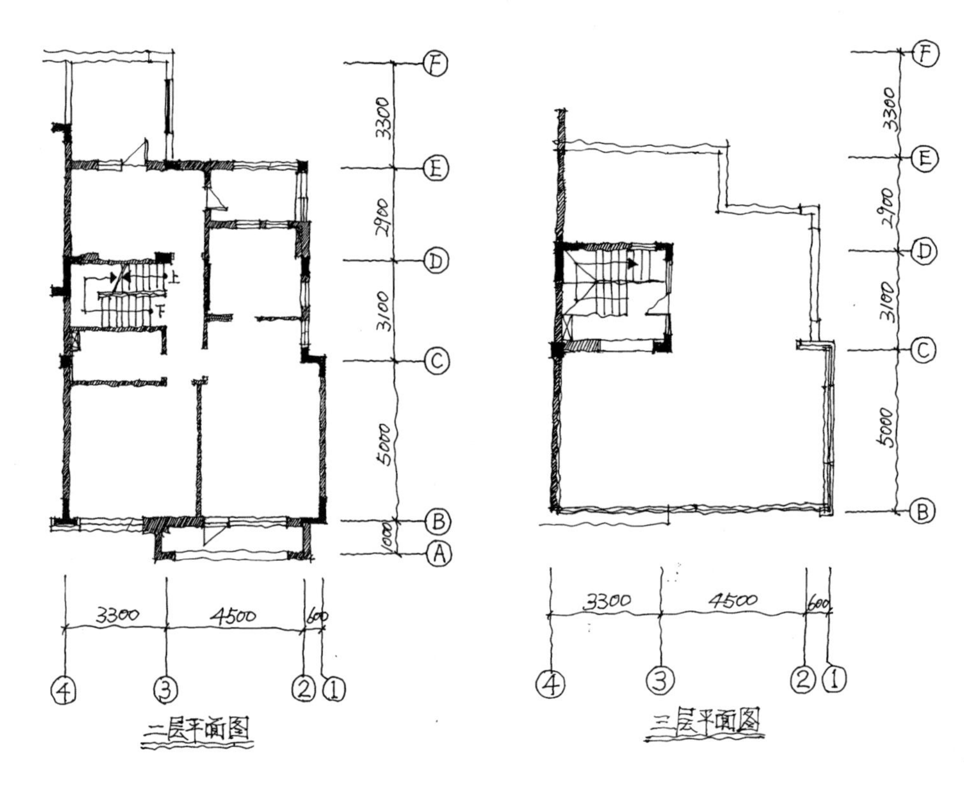

图 4-9　二层现场测量草图（单位：mm）

图 4-10　三层现场测量草图（单位：mm）

三、设计构思

1. 整体的设计构思

整体的设计构思主要是指在别墅空间设计过程中要有一个明确、清晰的设计主题。在这个设计主题中，要求设计师根据业主的个性习惯选择一个装饰设计风格的主调，不论是现代风格还是传统风格，首先必须做好风格定位。同时，设计师围绕这个主题所采用的材料、色彩、配饰及一切艺术装饰手法要协调统一。只有和谐统一，才是构成一切美的形式和本质的东西。

在完成总体设计构思的同时，设计师与业主都应注意把握房间内陈设的基调，同时注意房间内软装饰对房间效果的影响，尤其不要忽视细节，如室内的绿化、配饰等，时刻从整体出发，以免破坏房间和谐的气氛。

考虑到何先生有欧洲留学背景，对实用且浪漫的现代时尚元素非常认同，同时家庭收入也允许打造轻度奢华的效果，结合不同家庭成员对于空间的需求，最终确定以享受“慢生活”为出发点，将浪漫高雅的轻奢情调和现代时尚诉诸于空间，为崇尚自由、追求品质生活的三口之家传递一种居所无拘无束的自在感受。

（1）设计定位

我们在第二章第四节已经简单介绍了现代主义风格的特征，这里就不再赘述了。在我国，目前最常见的风格形式依然是现代主义风格。

（2）功能划分

根据业主何先生家庭成员的情况和实际生活需求，该案功能定位如下。

客厅：会客、视听、品酒、通行。

餐厅及厨房：烹饪、就餐、储藏。

主卧：睡眠、休息、化妆、储藏。

主卫：洗漱、储藏。

儿童房：睡眠、休息、学习、储藏。

客卧：睡眠、休息、储藏。

客卫：洗漱、洗衣。

家庭活动室：休闲、视听、学习、储藏。

（3）材料与技术

选择耐久、质量可靠的环保材料，聘用专业的施工队伍。

（4）预算

按照业主的家庭收入情况，装修工程造价约为70万元（不包含家具和配饰）。

2.设计表现手段

有了整体的设计构思与风格定位之后，设计师在业主的配合下，围绕“风格定位”这一基本框架，采用与主体风格相符合的材料、色彩、家具、灯饰以及陈设等去充实、完善、表现空间。

（1）材料

材料是最能主导整体风格特征的，为了能够更准确地表述整体的设计风格，应深入研究所用材料的特色。在此项目中主要采用了木材、大理石等。

① 木材。木材是一种具有生命力的材料。它独有的纹理、年轮及节孔等生命的表现，与人类的生活息息相关，所以在对木材的处理上不应只表面化地视之为装饰材料，而应利用其本身的特色来配合整体的设计风格。对于木材，我们除了注意它的湿度、硬度、纹理、色泽的稳定性及木材对漆的反应之外，更主要的是对其自然美的挖掘。此案中对于木材的应用主要表现在墙面造型、地板及定制柜子上。利用木材独特的纹理和造型，烘托出现代主义风格要素。

② 石材。室内装饰的石材多采用大理石。大理石一般包括天然大理石和人造大理石两种。天然大理石的花纹种类多，色彩自然、美观，但是造价较高；人造大理石具有质量轻、强度高、价格低、耐污染等优点，因此成为当下装饰市场常用的材料。本案中的石材采用天然大理石，将天然大理石的自然纹理作为装饰背景，烘托现代主义风格的简洁造型和清新的色彩。

③ 玻璃、镜面与裱糊材料。目前国内外装饰市场普遍重视玻璃、镜面与裱糊材料的广泛使用，尤其是它们的美观、耐用、易清洗、寿命长、施工方便等特点为室内设计提供了极大的方便。裱糊材料主要有壁纸、贴墙布、织物等。

不论木材、石材，还是玻璃、镜面与裱糊材料，作为配合整体风格表现空间气质的一种手段，我们必须谨慎选择，谨防出现室内空间苍白无力或凌乱不堪的情况。

（2）色彩

整体而和谐的色彩组合是营造舒适家居环境的重要手段。不同的色彩组合可以为空间带来不一样的效果。

一般色彩组合："蓝、灰、绿"的组合，表示空间的"安静、凉爽"；"粉红、红、棕"的组合，使人感到温暖、兴奋；而明亮色调使房间显得较为宽敞。

和谐色彩组合：两到三种色彩搭配，如蓝、绿或灰组合，可使空间和谐一体，显得宽敞。

侧重色彩组合：对大面积地方选定颜色后，可用一种比其更亮或更暗的颜色加以渲染，使房间相映成趣。

对比色彩组合：具有强烈对比效果的色彩组合，如亮对暗、冷对暖等，可以使房间充满生气。

此案中的色彩配置采用白色、灰色、黑色和点缀纯色的组合方式，这是现代主义风格中常见的手段，使空间的视觉效果和谐统一又不失活跃、浪漫。

（3）陈设

室内陈设的风格特征必须与整体的设计风格相符合。对于家具，我们要把它看成是具有独特感受性的东西。它对于人来说是动的，它的存在在给人美感的同时也给人以抚慰。所以，它也能动地与整个空间相呼应。

① 家具。家具多指衣橱、桌子、床、沙发等大件物品。它们由材料、结构、外观形式和功能四种因素组成。其中，功能是先导，是推动家具发展的动力；结构是主干，是实现功能的基础。这四种因素既互相联系，又互相制约。由于家具是为了满足人们一定的物质需求和使用目的而设计与制作的，因此家具还具有功能和外观形式方面的因素。本案中所选的家具以整体现代主义设计风格为主，以曲线和圆润的倒角为基调，用统一的语言在整体简洁的造型中强调细节的变化，追求整体比例的和谐与呼应、造型的精练与朴素。

② 灯饰。灯饰是构成整体的室内设计中的一个十分重要的元素。在室内，灯光可以把房间内每种材料的界限划破，令我们在视觉上不自觉地对原来的透视做出调整；比例改变了，室内物体形象化，乃至景物的距离都做了变更。成功的灯光设计对人有诱导作用，可以带动人的眼睛在空间移动，一个整体的室内设计与其灯光的配置之间的界限是相互重叠的。本案采用去主灯化的设计手法，大量采用筒灯和暗藏灯带照明，仅有的落地灯、悬挂壁灯、餐吊灯、床头灯均选择与装饰语言一致的现代风格的灯具样式，用弧线、圆角等造型语言与其他家居元素形成组合搭配，既满足了功能需求，又丰富了空间纵向的层次，实现了装饰与实用的协调统一。

四、确定方案

在这一阶段，设计师要根据业主的实际情况进行创意，依据各空间功能绘制出平面草图，使业主初步了解设计师的设计理念。

1. 平面布局方案草图

图4-11为设计师绘制的本案二层平面布局初步方案草图。

2. 方案二次调整及方案认定

通过与何先生直接交流，设计师综合业主的意见和空间的深入分析，对二层布局方案做了第二次调整：将主卧室缩小，将床头后面的衣帽间调整至主卧和主卫之间，同时主卧室的入口也设置在衣帽间，更加符合日常生活的习惯；儿童房的入口设置在增加的衣帽间，原来放置衣柜的位置改成了书桌，兼顾到了儿童成长的需求；书房调整到三层，将书房的功能与家庭活动室空间整合，二层原位置改成了客房，满足了父母偶尔小住的需求。图4-12 ~图4-16为一至三层平面布局草图。

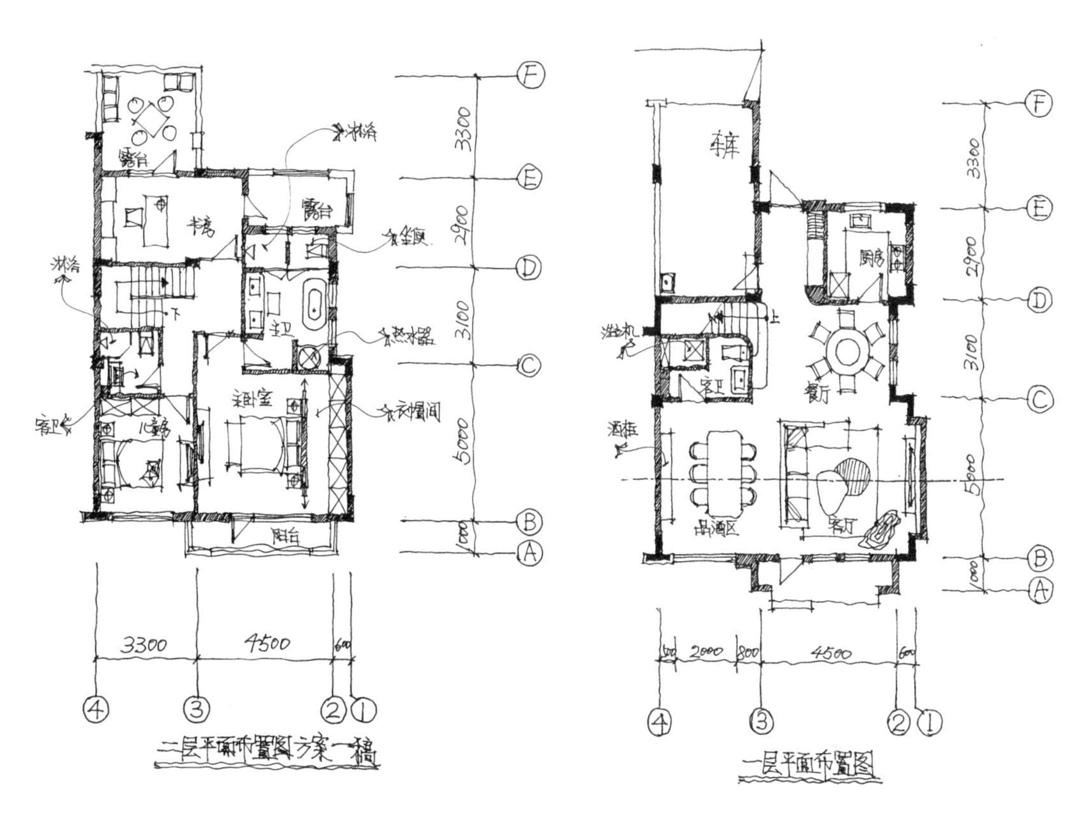

图4-11　二层平面布局初步方案草图（单位：mm）　　图4-12　一层平面布局草图（单位：mm）

五、制图阶段

方案的草图构思得到业主的认可后，便进行方案平面图、立面图及计算机效果图的制作，目的是将更加准确逼真的视觉形象展现给业主，使业主更深一步认知未来的居住空间。

1. 施工图

（1）平面布置图

平面布置图如图4-15 ~图4-17所示。

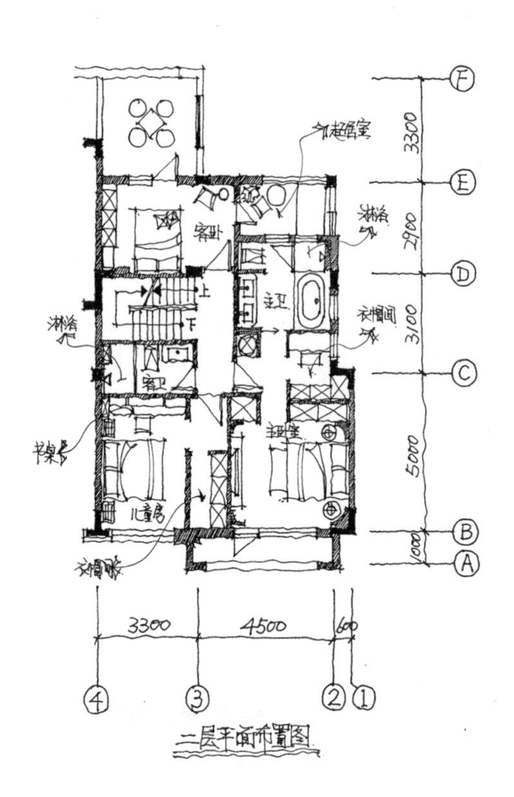

图 4-13　二层平面布局草图（单位：mm）

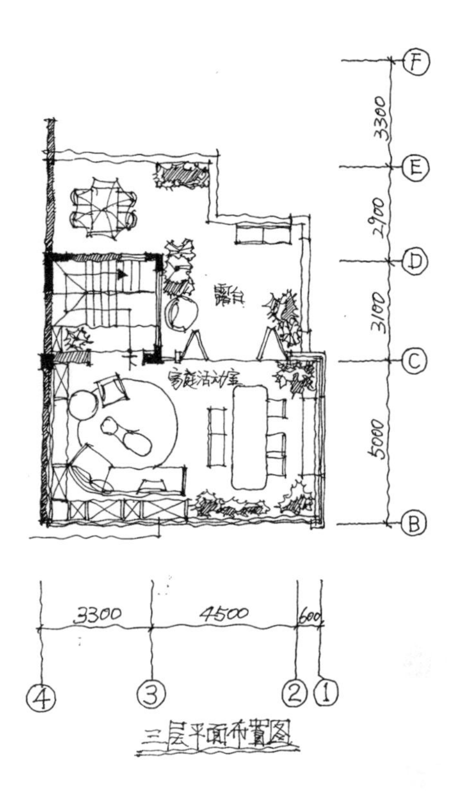

图 4-14　三层平面布局草图（单位：mm）

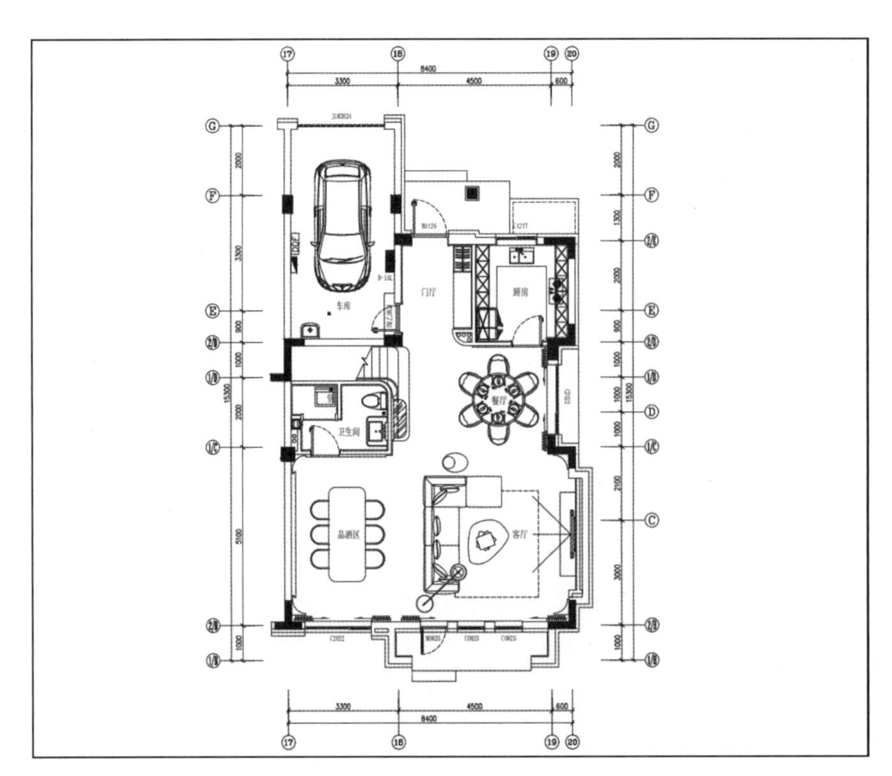

图 4-15　一层平面布置图（单位：mm）

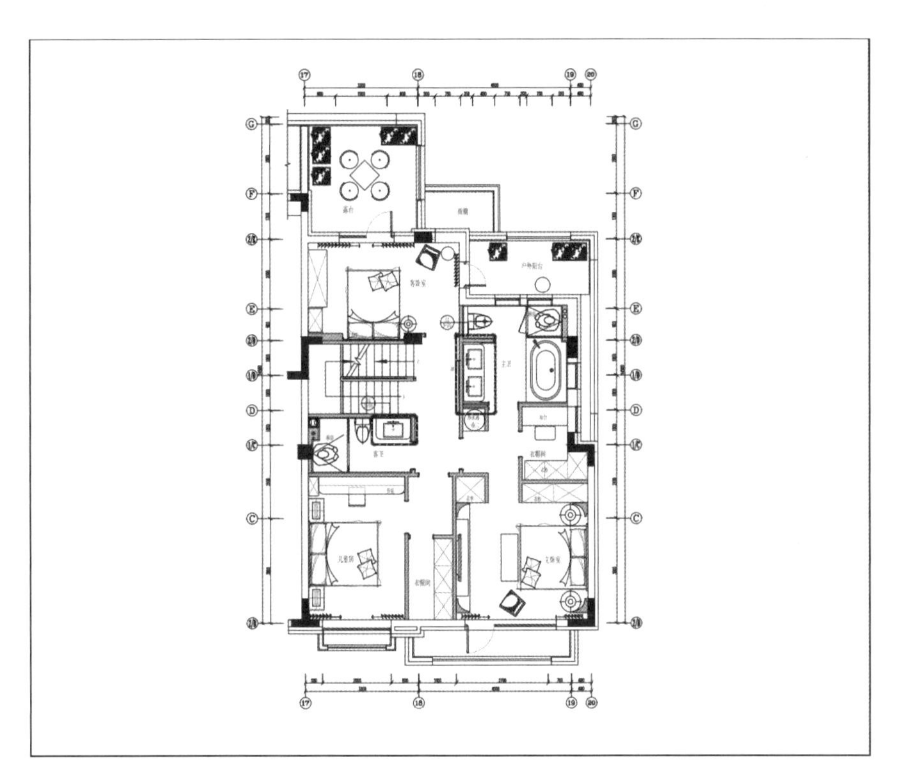

图 4-16　二层平面布置图（单位：mm）

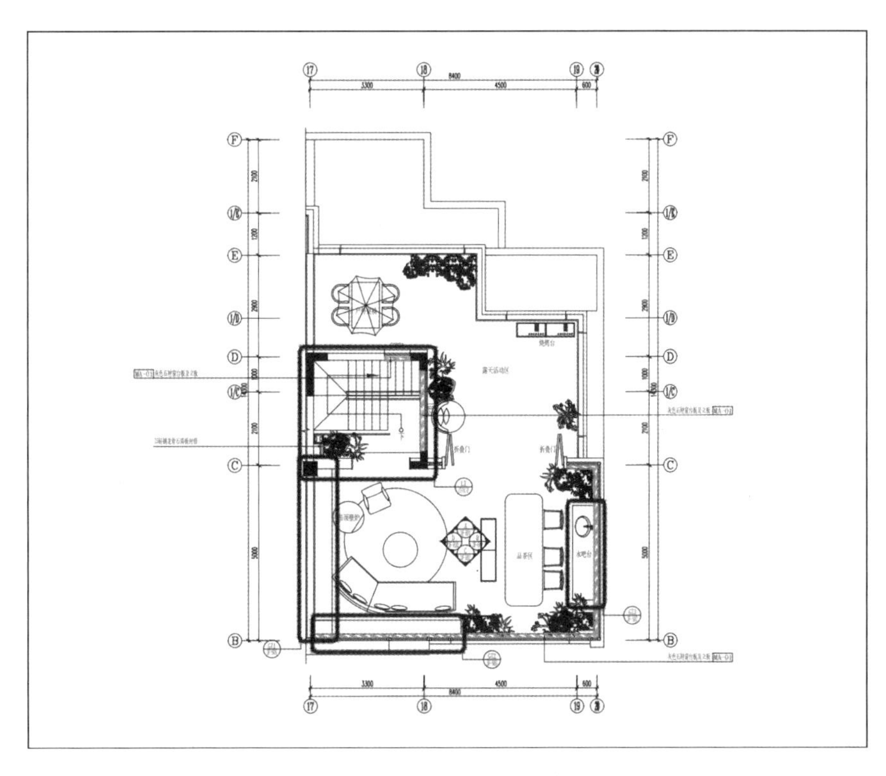

图 4-17　三层平面布置图（单位：mm）

（2）天花布置图

天花布置图如图4-18 ～图4-20所示。

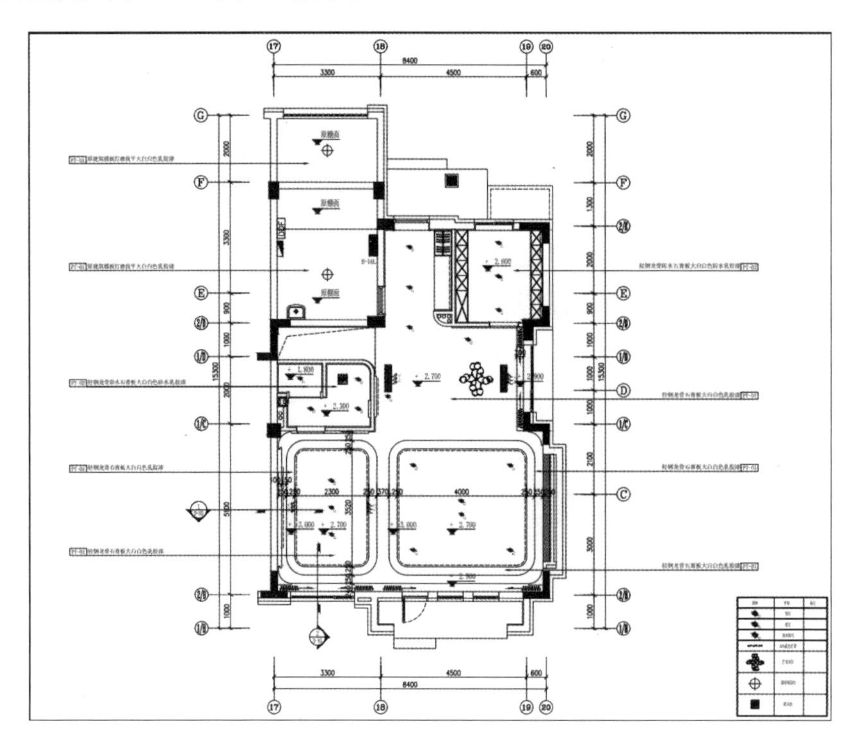

图4-18　一层天花布置图（单位：mm）

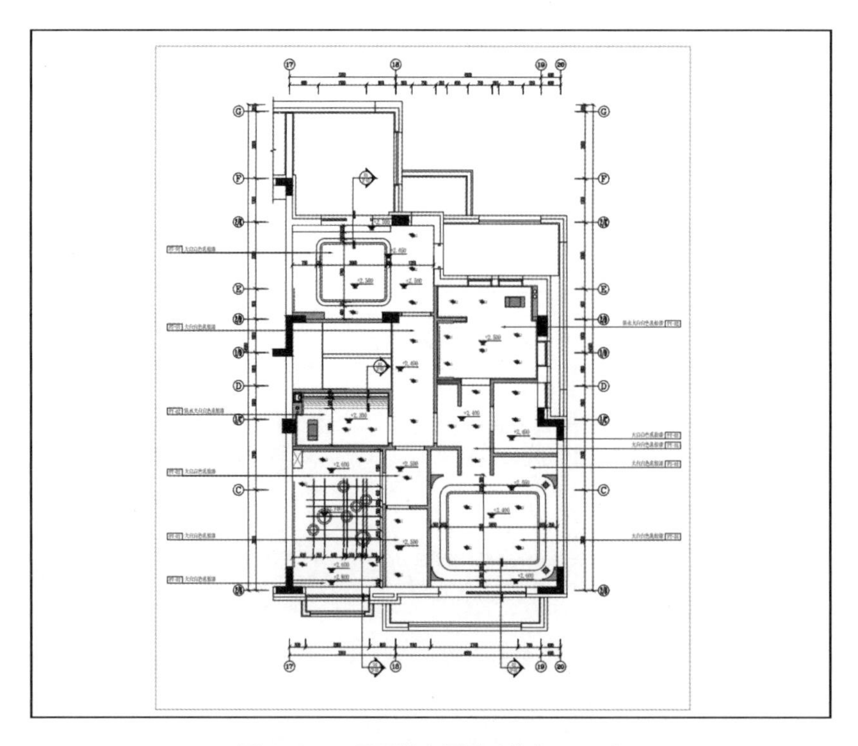

图4-19　二层天花布置图（单位：mm）

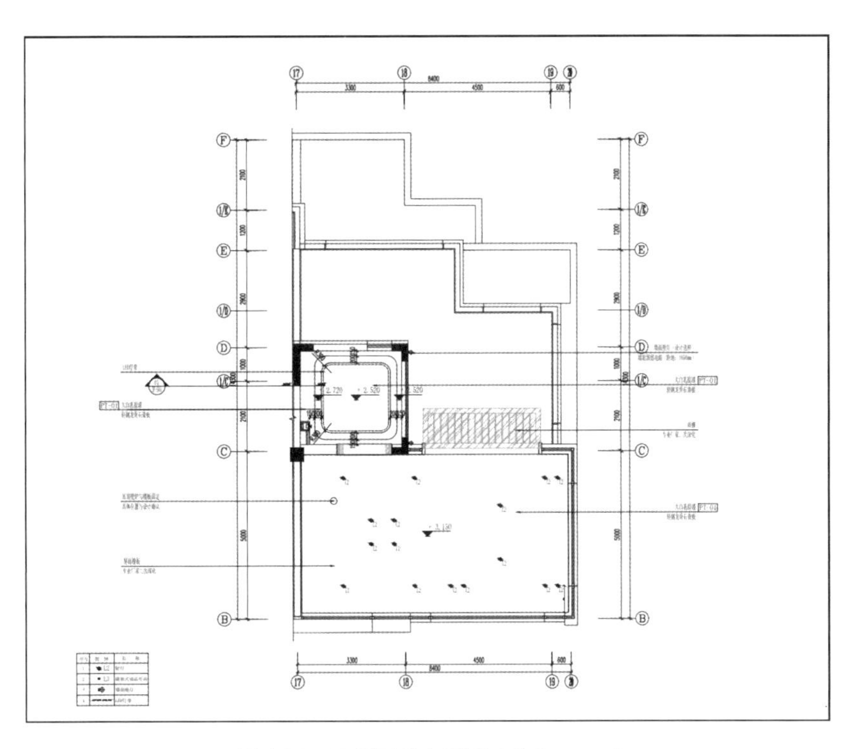

图 4-20　三层天花布置图（单位：mm）

(3) 地面布置图

地面布置图如图4-21～图4-23所示。

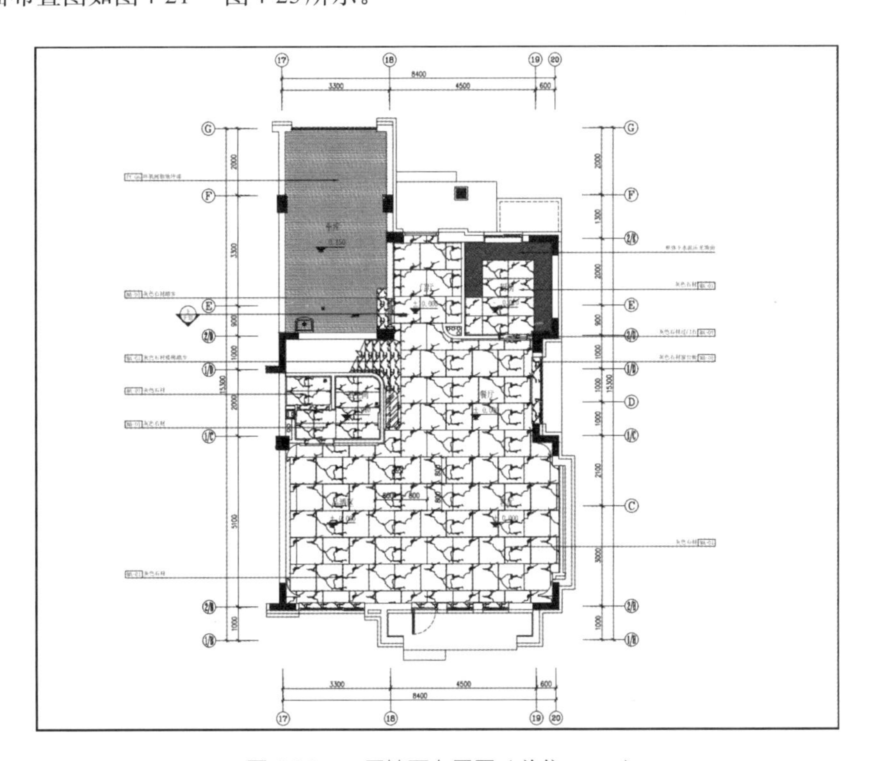

图 4-21　一层地面布置图（单位：mm）

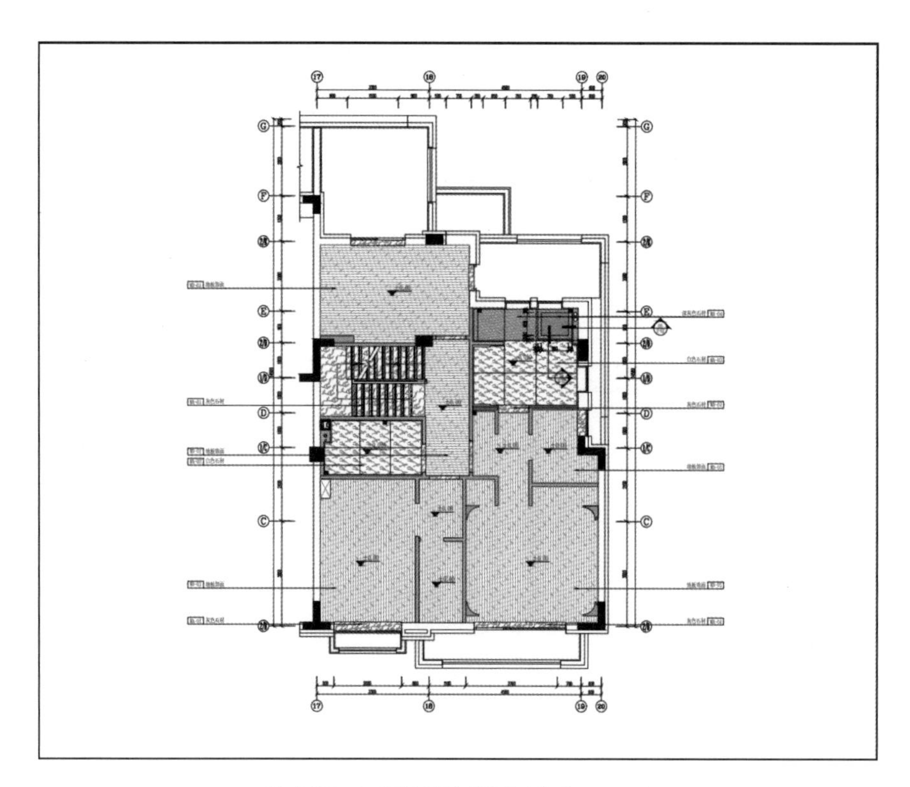

图 4-22　二层地面布置图（单位：mm）

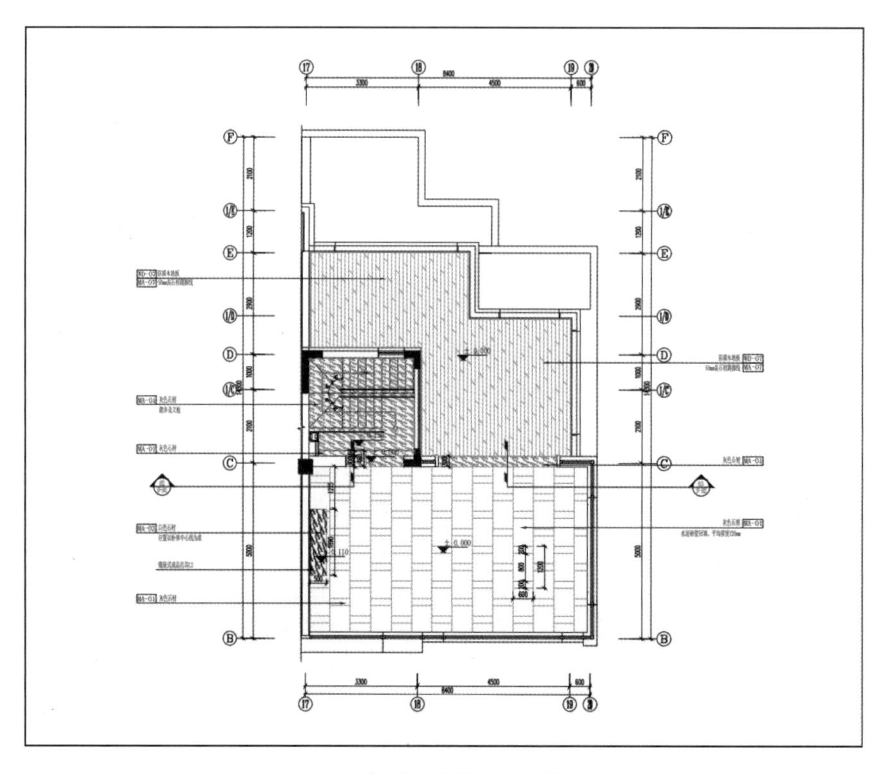

图 4-23　三层地面布置图（单位：mm）

（4）立面图

立面图如图4-24 ～图4-26所示。

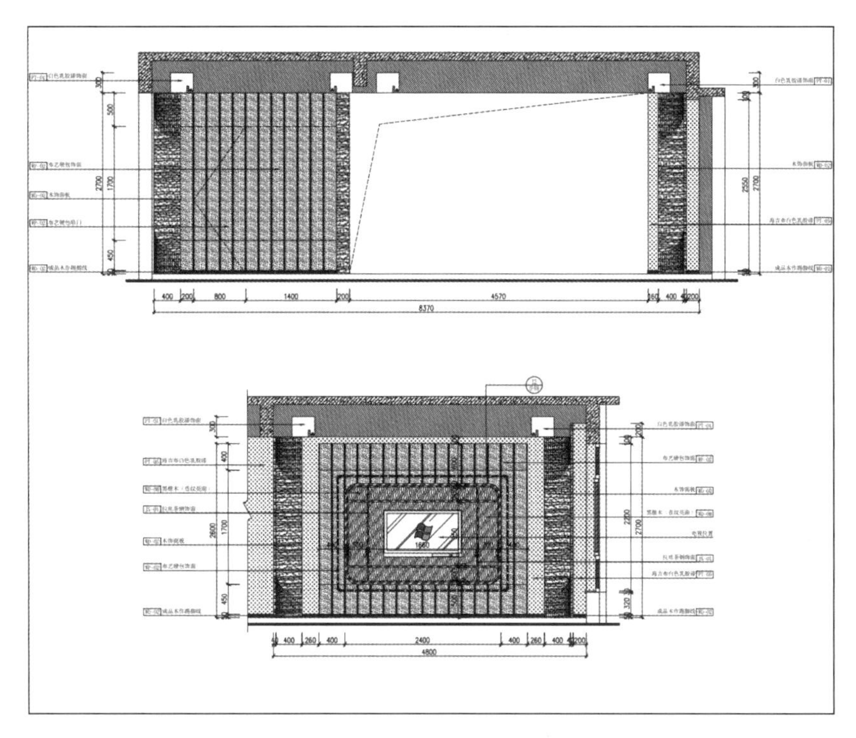

图4-24　一层客厅立面图（单位：mm）

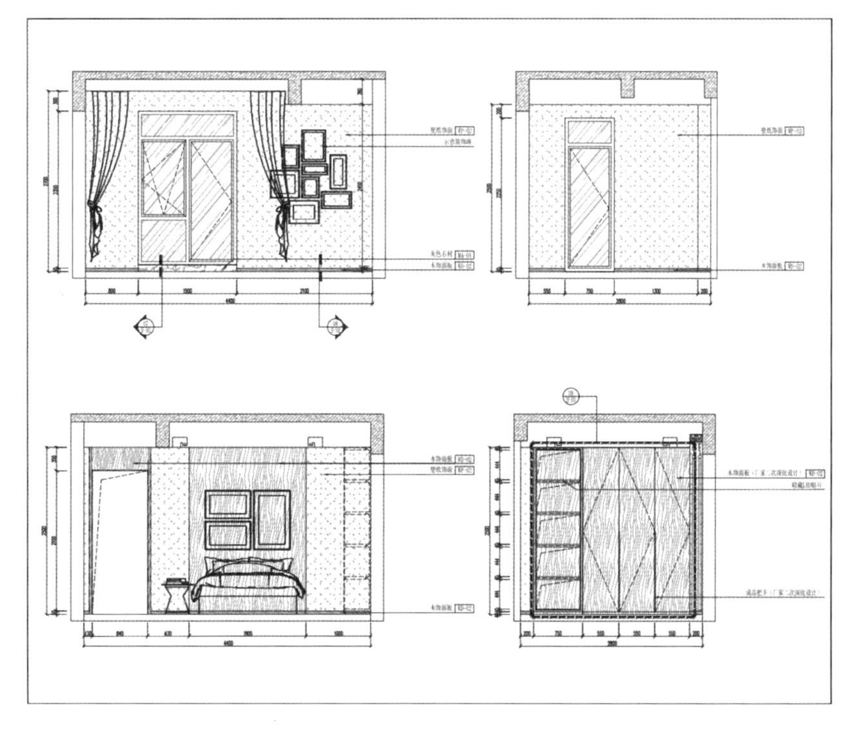

图4-25　二层客卧室立面图（单位：mm）

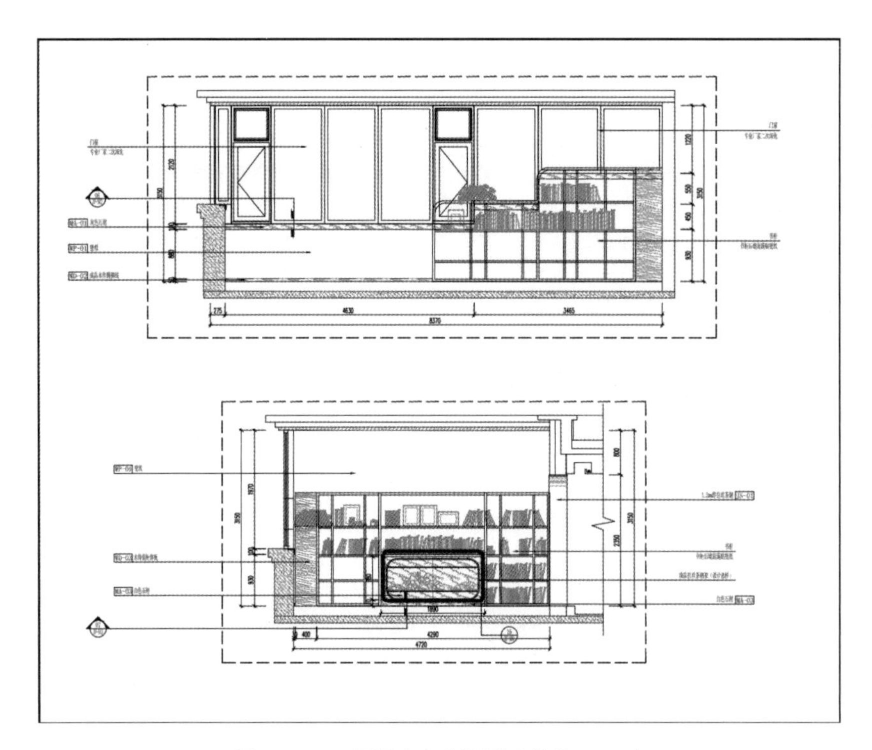

图 4-26　三层阳光房立面图（单位：mm）

（5）节点详图

节点详图如图4-27 ~图4-29所示。

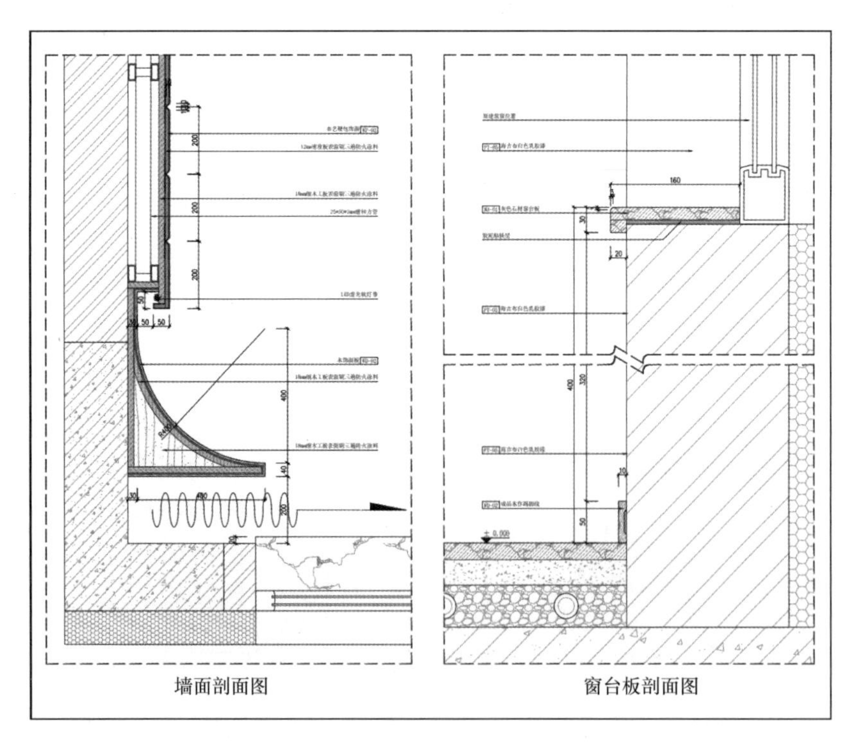

图 4-27　一层墙面节点详图（单位：mm）

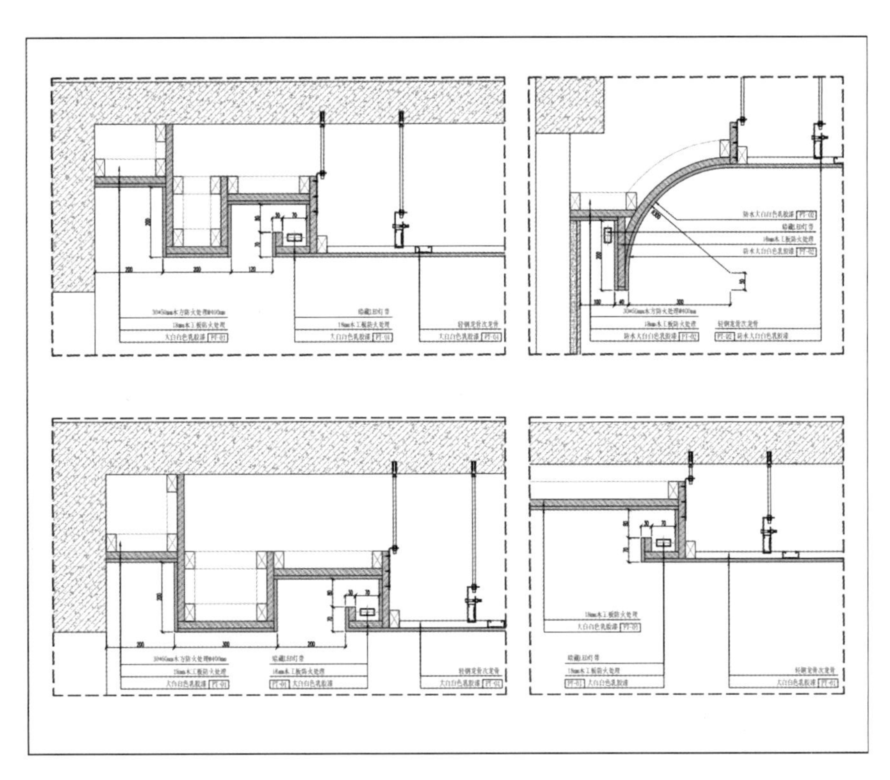

图 4-28　二层天棚节点详图（单位：mm）

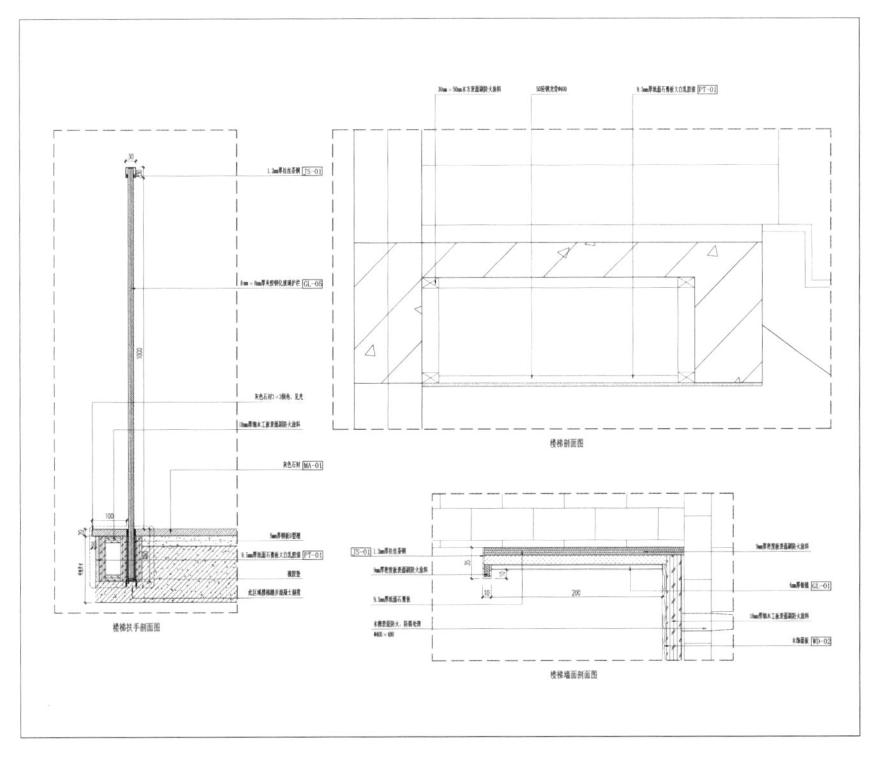

图 4-29　三层楼梯节点详图（单位：mm）

2.效果图

设计师在形式上紧紧把握了浪漫高雅的轻奢情调这一风格主线，大胆地利用了现代的表现手法，整体空间以现代法式风格为主，局部引用一些非洲元素，以暖调的木色、纯粹的白色基调，加以绿色调的壁纸、地毯、软饰点缀，给人以清新自然的艺术氛围。

效果图如图4-30 ~图4-40所示。

图4-30　一层客厅效果图（a）

图4-31　一层客厅效果图（b）

图 4-32　三层阳光房效果图

图 4-33　二层主卧效果图

图 4-34　二层客卧效果图（a）

图 4-35　二层次卧效果图

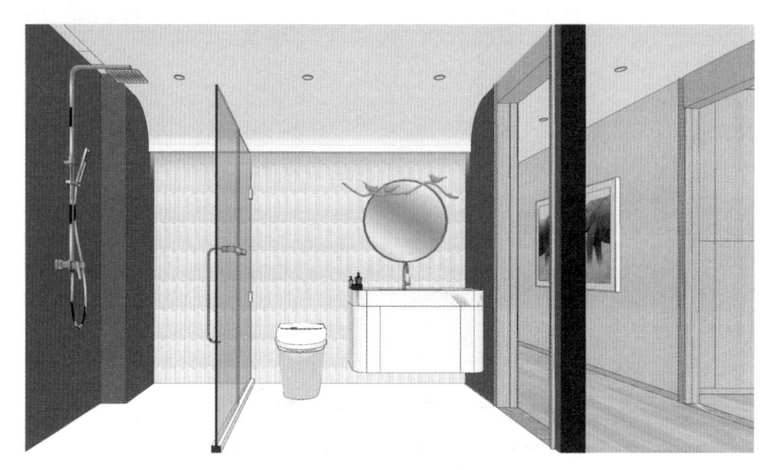

图 4-36　二层客卧卫生间效果图

图 4-37　二层主卧卫生间效果图

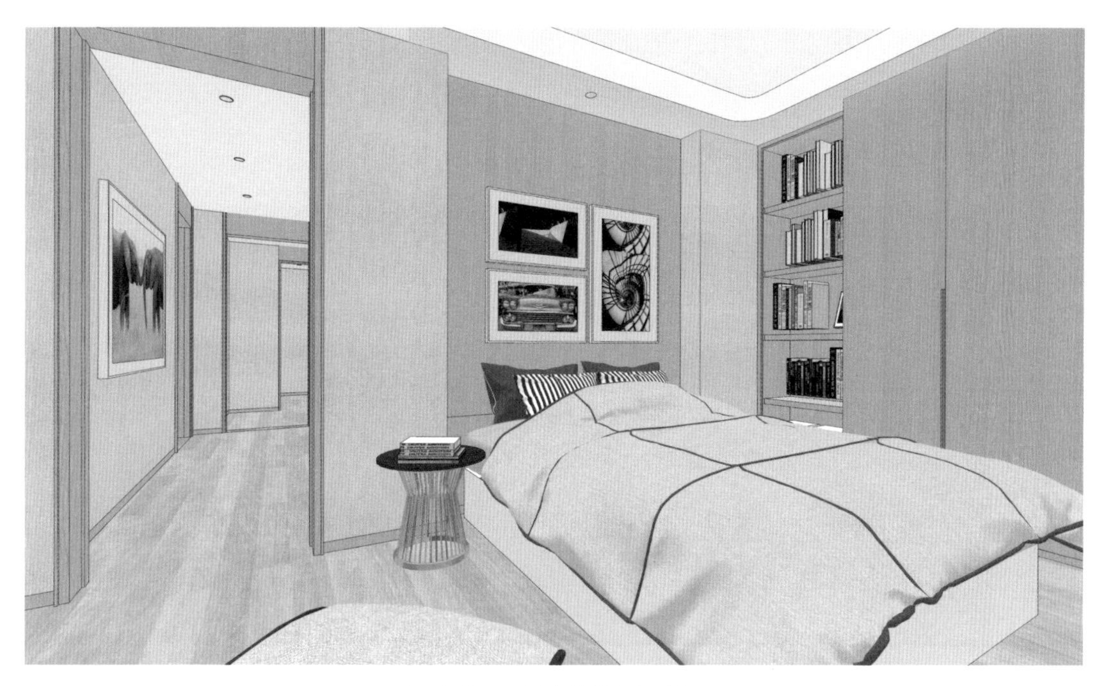

图 4-38　二层客卧效果图（b）

图 4-39　一层卫生间效果图

图 4-40　楼梯间效果图

任务三　文本制作

文本制作是业主与设计方（设计公司）达成的共识，包括设计方案和其他商务条款，在双方签字认可后能够起到法律效应，也是施工过程中的依据。一个好的文本能让业主感到你对工作的态度，为后续工作起到良好的铺垫作用。

一、封面

封面如图4-41所示。

图4-41　文本封面

二、目录

目录如图4-42所示。

图4-42　文本目录

1.设计说明

设计师在一层的开放式客厅、品酒区、餐厅之间点缀了精心选配的艺术饰品，使其更加殷充饱满。客厅以大弧度沙发、高低错落的圆茶几、单椅这样的形式围合，墙面转角多以圆弧形式处理，空间更流畅柔和。餐厅圆桌配以金色的细椅腿，搭配绿色软包，空间抒写着优雅情调。附着于墙面的酒柜和电视柜，将空间视觉感与整体品质提升到极佳状态，赋予一种极致灵动的空间感。

窗外引入的绿意自然而舒适，空间气质简约优雅且品位不凡。高级定制的餐具与桌椅、别出心裁的艺术饰品、金边的透明高脚杯、轻巧灵动的灯饰，共同演绎现代美学生活的雅奢氛围。

楼梯运用圆角去除空间的局促感，一条流畅的弧形扶手，将视线引入二楼。一侧墙壁圆形发光造型和扶手的艺术玻璃，增强了空间的趣味性，同时也恰到好处地起到节能作用。灯光为两侧空间提供了照明。

二层主要是一家人休息的生活区。主卧室同样沿用一层的圆弧造型，作为空间局部调节，空间结构感更流畅。背景定制绿叶墙纸作为居室空间在风格颜色上的一个延续，整体清新自然。浴室空间采用大面积强烈的色彩对比，暗调的基底颜色衬托明亮的镜子，金色拉手及卫浴产品的雅奢氛围散发于同一空间内，转角圆弧的细节处理让使用更为舒适。

三层起居室是家庭学习、休闲、娱乐的多功能空间，充足的采光，结合浓密的植物进行烘托，更好地同屋外花园相融合，让一家人置身于清新自然的家庭空间。

2. 效果图（略）

3. 施工图（略）

4. 工程进度表

工程进度表见表4-3。

表4-3　工程进度表

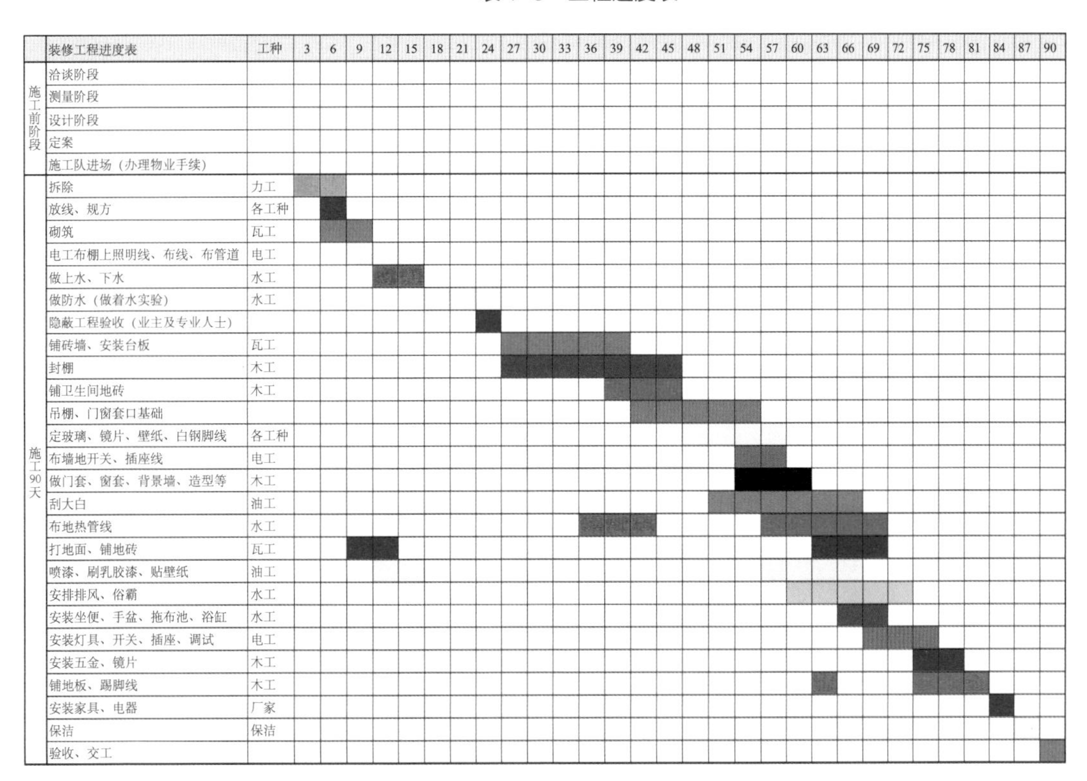

	装修工程进度表	工种	3	6	9	12	15	18	21	24	27	30	33	36	39	42	45	48	51	54	57	60	63	66	69	72	75	78	81	84	87	90
施工前阶段	洽谈阶段																															
	测量阶段																															
	设计阶段																															
	定案																															
	施工队进场（办理物业手续）																															
施工90天	拆除	力工																														
	放线、规方	各工种																														
	砌筑	瓦工																														
	电工布棚上照明线、布线、布管道	电工																														
	做上水、下水	水工																														
	做防水（做着水实验）	水工																														
	隐蔽工程验收（业主及专业人士）																															
	铺砖墙、安装台板	瓦工																														
	封棚	木工																														
	铺卫生间地砖	木工																														
	吊棚、门窗套口基础																															
	定玻璃、镜片、壁纸、白钢脚线	各工种																														
	布墙地开关、插座线	电工																														
	做门套、窗套、背景墙、造型等	木工																														
	刮大白	油工																														
	布地热管线	水工																														
	打地面、铺地砖	瓦工																														
	喷漆、刷乳胶漆、贴壁纸	油工																														
	安排排风、俗霸	水工																														
	安装坐便、手盆、拖布池、浴缸	水工																														
	安装灯具、开关、插座、调试	电工																														
	安装五金、镜片	木工																														
	铺地板、踢脚线	木工																														
	安装家具、电器	厂家																														
	保洁	保洁																														
	验收、交工																															

5. 工程量清单与报价

工程量清单与报价表见表4-4。

表4-4 工程量清单与报价表（详细内容可扫描思考与练习中二维码读取）

序号	项目名称	项目特征	计量单位	工程数量	金额（元）		
					除税综合单价	除税合价	其中：暂估价
一	一层新建墙体						
1	零星砖砌体	零星实心砖砌体 1.轻质砌块砌筑，墙厚100mm 2.新旧墙体交接，拉结筋加固，交界处挂30cm宽钢丝网 3.基层处理，水泥砂浆抹灰20mm厚	$10m^3$	0.09792	7285.14	713.36	
		……					
二	一层客厅、品酒区、餐厅及玄关						
	地面工程						
1	大理石楼地面周长3200mm以内单色	地面灰色石材 1.地面基层清理 2.1 ：3干硬性水泥砂浆结合层30mm厚 3.石材无缝结晶处理 4.材料规格：16mm厚，规格按图纸工字铺贴 5.材料编号：MA-01 6.材料价格含石材防护、加工、排版等	$100m^2$	0.5851	65942.37	38582.9	
2	灰色石材过门石	地面石材 1.名称/规格：MA-01灰色石材过门石 2.综合考虑粘结层厚度及配合比 3.排版设计、切割加工、填缝、打蜡、擦光综合考虑 4.材料价格含石材防护、加工、排版等	$100m^2$	0.00354	69656.97	246.59	
3	成品木踢脚线	WD-02成品木踢脚线 1.成品木踢脚线WD-02 2.详按设计图完成 3.基材为18mm厚细木工板基层，刷单面防火涂料三遍 4.表面0.36mm厚银梨木实木木皮，搓色开放漆，华润漆饰面 5.表面贴面平整，无起皮，漆面均匀，无透底，价格含安装费	100m	0.29	4510	1307.9	
		……					
	天棚工程						
1	装配式 U型轻钢天棚龙骨（不上人型）面层规格（450mm×450mm）跌级	天棚吊顶造型吊顶 1.M8膨胀螺栓连接ϕ8螺杆吊筋，非上人U50型配套轻钢主次龙骨，主龙骨间距900mm，覆面龙骨间距300mm，包括配套吊挂件、连接件、边龙骨等 2.跌级高度30cm，侧板18mm细木板基层刷防火涂料三遍 3.面层封单层9.5mm普通纸面石膏板 4.综合考虑空调风口的木基层、吊顶成品检修口、图纸要求的石膏板面层留缝处理、开灯孔、按工艺要求的局部木基层加固等其他内容 5.详见图纸	$100m^2$	0.6022	20629.78	12423.3	
2	石膏板白色乳胶漆PT-01	厨房天棚 天棚刷乳胶漆1底2面-于石膏板基层 1.点锈、嵌缝、贴胶带（或的确良布） 2.阳角加金属护角带 3.满批腻子三遍，平立面打磨平整，阴阳角打磨方正 4.刷乳胶漆1底2面，多乐士1000型系列 5.材料编号：PT-01	$100m^2$	0.8618	5597.97	4824.33	
		……					
	墙面工程						
1	木饰面平板墙板	WD-02木饰面 1.木饰面WD-02（木饰面平板墙板） 2.详按设计图完成 3.18mm细木工板基层，刷单面防火涂料三遍 4.表面0.36mm厚银梨木实木木皮，基材为18mm厚大亚品牌高密度板基层，搓色开放漆，华润漆饰面 5.表面贴面平整，无起皮，漆面均匀，无透底，价格含安装费	$100m^2$	0.1075	64606.41	6945.19	
		……					

6.施工合同（略）

7.材料一览表（略）

任务四 方案实施

作为设计师或设计个体，你的设计完成后交付业主，后期任务是协助业主寻找优秀的施工企业和现场跟踪。

一、对施工单位的基本要求

① 具有室内装修技术资质。

② 必须有严格的管理制度和信誉保证。

③ 必须具有完整的设备条件和良好素质的员工。

二、施工流程

① 甲乙双方签订合同。

② 技术交底。

③ 进场施工。

三、施工管理、后期配饰指导

施工完成之后，接下来设计师应与公司的工程部一起配合，向客户和施工负责人进行设计技术交底，解答客户和施工人员的疑问，包括分项技术交底、各工种放样确认、各工种框架确认、饰面收口确认、设备安装确认等，直至工程交工。

后期配饰包括家具、织物、植物、艺术品等，设计师可以帮助业主进行选购及摆放指导。

任务五 工程交付

当工程结束时，设计师要参与项目的分项验收和综合验收，包括提交竣工图、收取后期服务费、进行竣工后成果摄影及工作总结等。实景拍摄图如图4-43 ~图4-54所示。

图4-43 客厅实景（a）

图 4-44　客厅实景（b）

图 4-45　客厅实景（c）

图 4-46　客厅实景（d）

图 4-47　客厅实景（e）

图 4-48　次卧实景

图 4-49　主卧实景

图 4-50　阳光房实景（a）

图 4-51　阳光房实景（b）

图 4-52　楼梯间实景

图 4-53　一楼卫生间实景

图 4-54　二楼客卫实景

案例小结

作为一个案例分析，重点仅在于提供一些可操作性的设计流程以启发思考。一般而言，“别墅空间室内设计”是“居住空间室内设计”中内容最多、情况最复杂的。如果把“别墅空间室内设计”的内容和过程了解并掌握了，其他居住的空间设计问题（例如一般住宅、公寓房等）就迎刃而解了。

思考与练习

思考题目：扫描二维码，查询案例1和案例2的装饰工程造价明细，思考中小户型与别墅在施工中材料和工艺的差异有哪些。

案例1：

1. 施工图

2. 效果图

3. 工程预算

4. 实景图

案例2：

1. 报价汇总表

2. 分部分项工程量清单与计价表

3. 工程量清单综合单价分析表

4. 措施费项目清单及计价表

5. 零星工作项目计价表

训练题目：根据给出的户型图纸和背景条件，完成整套的设计方案，包括：设计构思、平面布局方案、方案草图、施工图纸和效果图，制定施工进度和工程量清单与报价，将以上文件制作成文本。

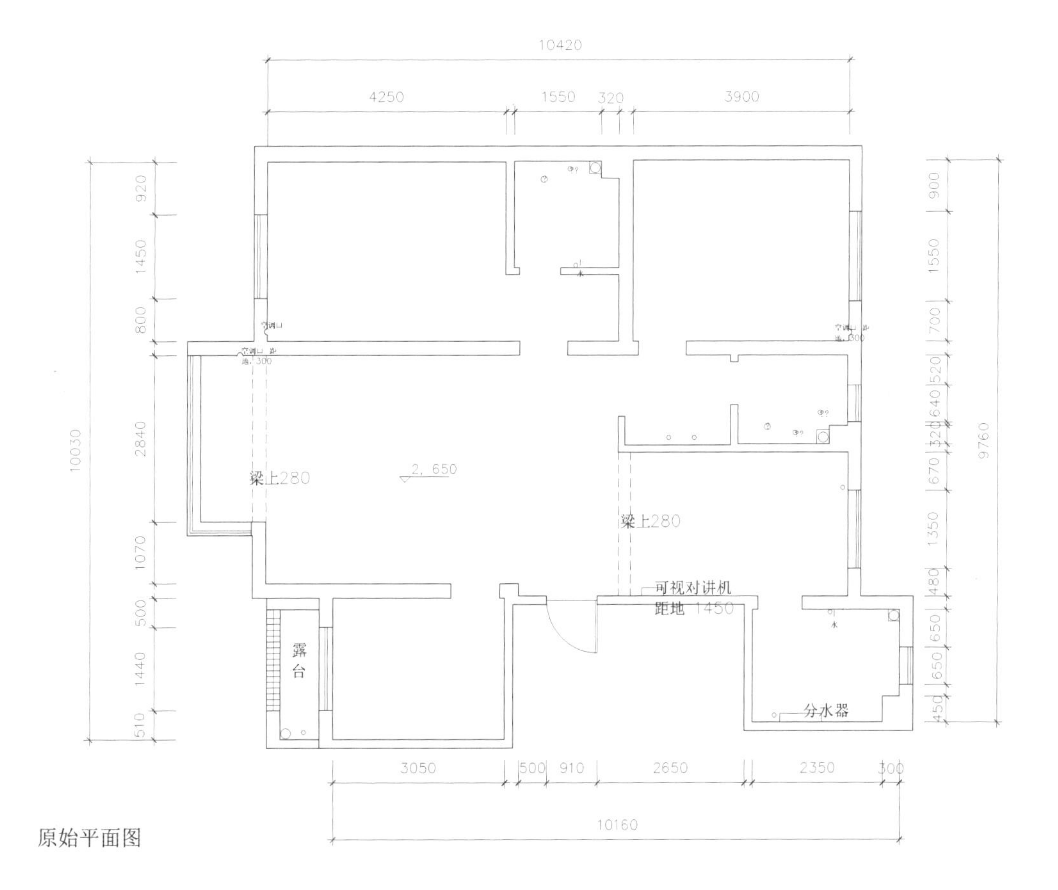

原始平面图

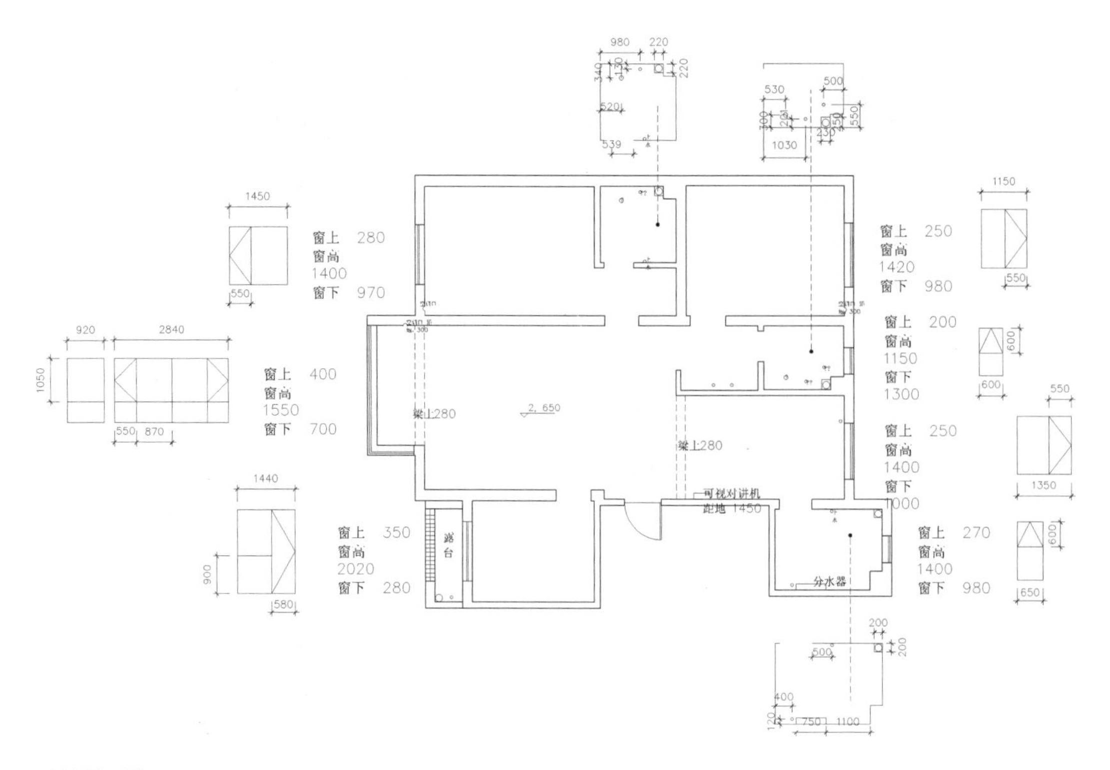

现场测尺图

项目背景条件：

本案业主为三口之家，男主人为事业单位中层领导，女主人为高校教师，女儿大学刚毕业在旅游公司任职。项目拟采用现代简约风格的设计，计划投入装修资金约10万元。设计要求功能分区明确，有足够的储藏空间，客厅能满足家庭成员观影、交流和做手工的需求，设置书房和衣帽间。

INTERIOR DESIGN OF LIVING SPACE

居住空间室内设计

第五章 居住空间室内设计学习要求

学习目标

1. 了解居住空间室内设计的学习特点。
2. 掌握居住空间室内设计的学习方法。

技能目标

通过本章内容的学习，能够更好地归纳和总结完成居住空间室内设计任务应该具备的知识与技能，激发学习潜能并保持对专业的热爱，在职业发展道路上不断进取。

素质目标

树立终身学习和持续发展的理念，培养精益求精的态度、谦虚谨慎的学风和持之以恒的工匠精神。

居住空间室内设计是技术与艺术相结合的一门学科，专业设计师的业务修养是多方面的。但对于建筑室内设计专业的学生来说，要想成为专业的室内设计师，就要在专业教师的指导下，认真了解建筑室内设计专业所要学习的内容，进而探讨和运用正确的学习方法学懂学通，不断进行充分的积累、有效的掌握，为以后专业的室内设计师之路打下坚实的基础。

第一节　居住空间室内设计所必需的理论知识

居住空间室内设计是室内设计整体中的一部分，从室内设计的内涵、定义以及工作内容来看，要做好居住空间室内设计必须具备一些理论知识。

一、室内空间设计理论及相关学科知识

（1）室内空间设计

（2）室内设计与人体工程学

（3）室内设计与环境心理学、行为学

二、室内装饰设计及相关艺术理论

（1）室内装饰设计

① 室内设计与美学法则。

② 室内设计与图案。

③ 室内设计与构成艺术。

（2）室内色彩设计

（3）室内设计与家具

（4）室内设计与陈设（配饰）

三、室内装修设计的有关知识

（1）室内装修的有关知识

（2）室内装修与建筑结构

（3）装饰材料的知识与应用

四、室内环境设计的有关知识

（1）室内采光与照明设计

（2）室内设计与室内绿化

（3）室内设计与生态环境

以上这些室内设计理论知识构成现代室内设计的主要内容。每一方面都有各自的理论要素，相互之间都有着密切的关系。此外，室内设计还涉及建筑结构学、建筑材料学、环境物理学、雕塑、绘画、工业设计、环境艺术学、视觉传达设计、美学、生态学、市场学、创造学、技术学、室内声学、室内热工学、市场调查学、消费心理学以及计算机辅助设计等方面的知识。

第二节　居住空间室内设计所必需的技能

一、室内设计的设计思维

思维是人类特有的一种精神活动，是从社会实践中产生的。哲学认识论把思维概括为一种人脑对所得到信息的加工反映，在表象、概念的基础上进行分析、综合、判断、推理等认识活动的过程。

室内设计是一项立体设计工程，掌握科学的设计思维方法是完成设计整体方案的重要保证。在一般的学科中，人们常把思维方式分为抽象思维与形象思维。室内设计的思维方式以形象思维为主导。形象思维至少包括三个不同的心理层次：最低层次是原始人和初生婴儿的表象思维，较高层次是日常生活中自发性的形象思维，最高层次才是艺术家为了创作专门进行的艺术思维。艺术思维是艺术创作特定的思维方式，从确定表现对象，再经过想象驰骋，最终到艺术表现，整个思维过程的每一个环节都紧紧地围绕艺术创作的最终目的即创作出具有美感的典型艺术形象。室内设计的思维即属于形象思维最高层次的思维方式。室内设计的思维方法有其明确的特殊目的性，它从有意识地选取独特的设计视角进行功能与形式表现的概念定位到综合分析与评价设计方案中各环境要素，从对历史文脉与文化环境的思考与表达到通过施工工艺完美体现出设计创意思想的一系列思维过程，一步一步地设计出具有美感意蕴的室内空间环境。

1.对室内环境的综合分析与评价

设计师接到室内设计任务时，首先应该对该室内环境设计内容进行综合分析与评价。明确室内设计的具体任务与要求，在展开创意定位之前要对室内设计的使用性质、功能特点、设计规模、等级标准、总造价等进行整体思考，同时要熟悉有关的设计规范和定额标准，收集、分析必要的设计信息和资料，包括对现场的勘察以及对同类功能空间的参观等，这些内容都是完成设计方案过程中设计思维的组成部分。衡量室内设计成功与否的标准，就是在整个设计过程中对室内设计所涉及的各个细节的整体把握以及对细节与整体的综合协调的控制能力。室内设计既是创作过程，也是思维创意概念的整合过程。没有开始的综合分析与评价，整个设计方案的进行过程有时就会陷入目的失控状态。

2. 对室内环境形态要素的分析

室内设计是一门观念性较强的艺术，更是一种对各艺术形态要素进行表现的艺术，其设计思维程序要遵循“整体—局部细节—整体”的思路，把空间环境内每一设计形态要素（造型、色彩、材料、构造、灯光、尺度、风格）有机地协调起来，很多设计师往往只重视空间界面体的经营和装饰观念的表达，却忽视了同一空间下的许多设计元素的内在统一和呼应，而恰恰是这些设计要素的内在联系，才能创造出整体、和谐的内部空间。

3. 对历史文脉和人文环境的分析

设计师一定要把握住时代的脉搏和民族的个性。室内设计既要有时代感，又要兼有民族性和历史文脉的延续性，同时要对室内人文环境进行深入的研究与分析，以独特的眼光进行创意和设计，创造出具有鲜明个性和较高文化层次的室内环境。

人类社会的发展史，也是物质技术和精神文化的发展史。每一个时代都会在扬弃过程中发展自己时代的文明。室内设计的历史延续性也是如此。传统室内装饰中的设计思想、规划思想、构造技术、空间特征及哲学思想的表达，以及其设计的审美精髓都是值得我们今天的室内设计师进行参考和借鉴的宝贵财富。当然，历史文脉的延续与发展，并不只是把历史的装饰符号用来借用和堆砌，而应该在设计中传扬其精神内涵和表现特征。

人文环境所涉及的方面不仅是要满足人类对室内空间遮风挡雨、生活起居的物质需求，而且还要满足人类对心理、伦理、审美等方面的精神需求。因此室内设计的人文环境发展表现了一个时代文化艺术的风貌和水准，凝聚了一个时代的人类文明。它既是一种生产活动，又是一种文化艺术活动。所以说，在室内环境中对人文环境表现的到位与否也同时决定了设计结果的文化品位的差异性。

4. 整体艺术风格与格调的设计思维

艺术风格与格调是室内环境的灵魂，是设计思维过程中对赋予特征的空间整体艺术形象的宏观定位，是人类自有建筑成型以来就不懈追求的艺术境界。艺术风格是由室内设计的审美“个性”决定的。“个性”的表现，意在突出设计表现形式的特殊性，风格并不单单是“中式风格”或“欧式风格”的简单认定，在优秀的设计师看来，风格是把设计者的主观理念及设计元素通过与众不同的形式表现出来，其色彩、造型、光影、空间形态都能给人们以强烈的视觉震撼和心灵感动。艺术格调是由室内设计的文化审美品位决定的。对“格调”表现的思考，应重点放在设计文化的表现上，仅仅满足一般功能的室内设计很难体现出设计的品位来。在设计中，有时墙面上一幅抽象装饰画与室内现代几何体型的陈设家具呼应协调，就会映照出高雅的审美情调。有时一面圆形的传统窗棂与淡然陈放在墙边的古色古香的翘头案，在月光的映衬下，好像在娓娓诉说着时光的故事，让人产生美妙遐想，这种审美就是设计师高品位的设计文化格调的体现。艺术风格与格调的思维活动反映的是思维者的文化积淀与学养境界，它决定着整体艺术思维过程的成败。

5. 装饰内容与形式表现的设计思维

装饰内容与形式表现的设计思维是设计过程中要一直接触的问题。装饰内容是空间功能赖以实现的物质基础，要通过形式美法则的归纳与演绎将其以符合大众审美趋向的设计形态表现出来。两者的完美结合，才能最终完成设计效果的表现。设计内容与形式的表现是上一阶段思维过程的延伸，是对室内设计所有信息、物质形态以及对各种功能特征做出细心的分析和综合处理后，把它们集合起来通过不同的形式表现出来的设计过程。

6.科学技术性的设计思维

室内设计是受技术工艺限制的实用艺术学科，它是围绕着满足人的心理和生理的需求展开的。它除了满足视觉上的审美愉悦外，还要满足其生理、心理上的技术合理性的要求。比如，装饰材料的性能参数、空间范围与形态造型尺寸的确定、比例的分割、工艺的流程、结构的稳固等都要具有科学的依据。有人担心严谨的科学思维是否会限制艺术思维的发展，这是不会的。实用设计艺术遵循的是“先死而后生”的设计原则，在受数据和工艺制约的前提下，充分地展开艺术思维的表现，更能体现出设计艺术学科的独特魅力。这是高层次的艺术思维活动。室内设计就是要在有限的空间和技术制约下，创作出无限的装饰美感空间环境。

二、室内设计的表现技能

室内设计表现技能是指为了详细和准确地表达室内设计师的设计构思而必须要掌握的设计表达技能，这主要包括手绘表现技能、室内设计制图技能和计算机表现技能。

1.表现技能在室内设计中的作用

手绘表现技能和计算机表现技能的作用就是制作各种类型的效果图，把室内设计师的设计思想通过图式语言具体地表现出来。优良的手绘和计算机表现技能对于一位设计师来说是至关重要的，它往往是设计师头脑中构思的一种记录，同时也是方案设计中的内容设定和图面构思推进与深化的一种基本手段和语言。它可以为设计作品增光添彩，也会不断丰富室内设计师的设计思想，提高专业的想象力和创造力。另一方面，随着方案的构思与设计的不断深入，徒手草图也随之不断深化，直到转为正稿。同时，在室内装饰装修工程的进行中也能起到设计与工程施工的沟通、解释、补充说明的作用，使整个工程能顺利进行。因此，各个设计单位都非常重视设计师表现技能的掌握程度。

2.收集有关资料的重要手段

如今设计师虽然常利用照相机、摄像机、复印机等现代工具来记录、收集和翻拍资料，但仍离不开或提倡徒手勾画、记录、速写等最为基本而原始且最为有效的表现手法。实地徒手写生及对资料的临摹不仅能加深对实地、现场或某些资料的第一感触印象，同时也是提高设计工作人员对现场尺度、造型手法、材料应用、效果等记忆最有效的做法之一。

3.表现技能的相对独立性

手绘表现技能和计算机表现技能在装饰行业都可以作为独立的工作岗位。在室内装饰装修公司和设计公司，都有不少专职的绘图人员从事手绘和计算机绘图工作。这些岗位也为许多室内设计的学习者提供了更多的就业机会。

4. 表现技能的重要性

表现技能是室内设计工作的重要组成部分。因此，必须重视表现技能的学习和磨炼。要充分认识“从量变到质变”的道理，只有通过大量的绘图练习，才能掌握这项技能。

第三节　居住空间室内设计的学习方法

一、室内设计的学科特点

室内设计与绘画、建筑设计有一定的相似之处，都是创作活动。但不同的是，无论多么简单的设计，它所面临的不仅仅是绘制一张效果图或平面图，在性质上它已经不是一种单纯的模仿性绘画练习了，其特点如下。

1. 室内设计是一种综合性的边缘学科

室内设计是一项综合性很强的工作，它所涉及的学科在前面已经介绍了。它需要合理运用这些学科知识去面对多种设计任务。了解这一特点，对指引今后的学习方向是很有必要的。

2. 室内设计是对日常生活中知识的积累

室内设计与人们的社会生活息息相关，拥有广泛的社会常识与众多的周边知识对室内设计大有益处。因此，作为学生应该抓住一切机会去观察周围的生活，留意它们与建筑室内设计专业的关系。要让自己作为实践者而不是观察者，去体会人们对建筑与室内设计的需求，从中领悟到对本专业有益的、课本上学不到的、活的知识。同时，提高艺术修养对于建筑室内设计专业学生也是非常重要的，它是靠长期的训练与点滴培养积累起来的，它是提高感性认识与理性认识的无形动力。艺术的规律是互通的，提高艺术修养不是单纯指提高对建筑的审美艺术情趣，而是包括其他艺术类别，对相关艺术持爱好和钻研的态度，是提高建筑艺术修养的有效途径。

3. 从抽象到具体的思考

顾名思义，从抽象到具体的思考是指形象推敲的过程。而这里的形象又包括多种含义，如平面形象、立面形象、三维形象、四维形象等。人们在不受其他形式影响干扰时，思考过程实际上是自动、敏捷而冲动的，这就产生了只有思考者自身才能看懂的抽象形象，这是一种不干扰人类思维的内在本能。它是可变的、不受约束的。在初步抽象形象日趋成熟后，根据其他各方面要求，逐步形成谨慎、仔细、有细节和有序列的具体形象。这一过程就是所谓的从抽象到具体的思考。当然这种过程有可能进行1次、2次、5次、10次……这就是设计中的推敲过程，因为无论是建筑设计还是室内设计，它们都是一种形象的推敲，而不是逻辑的推理。只有经过这样的反复训练，才能使学生对形象具有观察感受能力。

4. 室内设计具有社会交流性

室内设计思考的交流有两种模式：一种是在公共模式中，设计者单独与他人交流、与众人交流，设计组之间或与社会群体交流，进而发展自己的设想或设计组的设想。交流本质上属于社会性活动，因此“交流”这个词含有“共享”的意思。按这个意义，就可理解为人们心里所进行的设计方案，它们都出自周围环境和人们的相互作用。另一种是设计者单独的思考模式，设计者经过自己反复推敲，独自发展自己的设想，这种形式的交流直接返回本人。有些室内设计师乐于独自发展设想草图，出图后马上返回到自己的大脑中，然后经过思考再出图，这样循环下去才会产生令人比较满意的设想。不论哪种方法，只要运用得轻松自如、能使设计者的思想得以实现，就都是可取的。

5.室内设计是一个终身的过程

在许多情况下，一位有成就的室内设计师的设计过程从表面上看好像在他生活中占一小部分时间。但事实上，人们看不到他无形的思维在其设计过程中是受无时不介入的思维、兴趣、价值观所统辖的。如建筑设计大师勒·柯布西耶，他一开始建筑生涯就准备了速写本和小册子，用来记录多种想法和视觉轶事。他的速写本的数量多至70册以上，上面记满了他一生的所想、所见。他曾说：“当人们与形象化的物体——建筑、绘画、雕塑一起旅行和工作时，为了留下对所见之物的深刻记忆，人们就运用他的眼睛画图，一旦印象被笔所记录，它就进入大脑铭记不忘，为了美好而永远留下了”。这些足以说明大师们的建筑设计思维在其一生中是不间断地在头脑中运转的，而不是一时、一段、一年在进行设计思维。室内设计的思维过程同建筑设计思维过程一样，是终其一生的。

二、建筑室内设计专业课的学习

确立科学的室内设计学科概念，来自系统专业知识的学习。由于室内设计包括的内容十分广泛，同时行业的发展又十分迅猛，各个国家、地区的社会经济、文化、科技等发展不同，因此，室内设计的教学体系在不同的国家、地区、学校呈现出多种模式。建筑室内设计专业课程的学习应根据建筑室内设计专业发展的客观规律和新形势，提高认识，更新理念；以“优化基础，注重素质，强化应用，突出能力”为指导思想，努力培养自己的素质结构、层次结构、专业特点和知识能力，最终达到满足行业对从业者能力要求的目标。

在这样的前提下，建筑室内设计专业使用的教材就要注意突出应用性、实践性的原则，对专业知识结构进行重组，讲解的内容适应科学技术发展和生产力的现实水平，并注重人文科学与技术教育相结合。基础理论知识不片面追求学科理论的系统性、完整性，强调以“必需、够用”为度。鼓励学生独立思考，培养学生的科学精神和创新意识。在保证知识“必需、够用”的前提下，使教材知识面纵向有深度、横向有宽度，尽量把最新的知识点融入其中，注重知识的新颖性和多面性，突出知识的实用性，力求内容精练、图文并茂、通俗易懂，并通过案例讲解，有的放矢地加以说明。

完整、科学的建筑室内设计专业学习体系包括设计理论、设计表现、设计思维三大类课程。设计理论类课程包括中外建筑史、室内设计原理等；设计表现类课程包括手绘效果图、计算机绘制效果图等；设计思维类课程包括室内装饰与陈设设计、家具设计、采光与照明设计等。从整体情况来看当代的室内设计教育，理性的设计方法思维训练远高于表现方法的技巧训练。

建筑室内设计专业教学的三大类课程是一个完整的学习系统。在这个系统中除了设计理论类课程需要在课堂学习，其他的课程的学习过程，更重视设计思维的训练。学生要通过大量的设计课题作业练习，不断提高自身解决实际问题的能力和技能，同时也要注重培养与他人的团队合作意识。而对于装饰构造、装饰材料和设备等技术性较强的专业内容，要在实际案例中向专业技术人员学习，在不断地了解装饰材料市场的过程中长期学习。

三、室内设计课题的分析与思考

学校室内设计课题目相当于实际工程中的招标书，但在计划题目时，学校往往将某些条件限制加以简化，使学生在设计过程中有较大的发挥余地，题目的功能要求也尽量是学生日常生活中所熟悉的，目的是使学生受到严格的基本训练。

在阅读设计题目后首先应考虑以下几个问题。

① 所设计的室内空间与所在建筑的功能是什么?

② 室内空间的性格应该怎样?（通过色调、室内设施、隔断的造型、光、材料等来体现空间环境的柔和、强烈、深沉或明朗等情调。）

③ 通过对建筑及周围环境的理解，抓住其特征，运用于室内设计中。

④ 室内的空间分隔应成什么样的形式? 是隔而不断，还是完全隔断? 是空间围透，还是平铺直叙等?

⑤ 采用什么样的手段来实现已定的室内空间分隔形式?（可利用拓扑学的连续性、装饰语法、逆转、变形、结构化、相似等手法。）

⑥ 采用什么样的立面形式?（如传统形式、现代构图形式，或后现代形式等。）

⑦ 室内各部件按设计应选用何种质感和色彩的材料?

⑧ 设想一下最后完成的室内空间效果是否与自己的设计立意相吻合。

⑨ 室内的空间形态怎样? 是下沉或母子空间或凹入式空间或交错穿插空间，还是其他形式的空间?

根据题目及初步设想收集资料来丰富自己的设计立意，为进行下一步的初步方案提供有关原则和具体资料。

在收集资料过程中一定要有针对性，最好是带着问题去广泛地浏览古今中外优秀的室内设计及建筑作品，分析其中的道理，对于开阔设计思路和提高设计能力是十分有益的。对他人的优秀作品要细心揣摩，甚至一门、一窗也不放过，这样才能从中真正领悟设计者在设计时的立意。

无论多么高明的建筑大师或室内设计师，都不可能对所有室内设计中的各种类型问题全部通晓。因此，每当在工程中遇到问题，都要在工程实践中经过调研后，针对具体问题来解决，这也是应有的正确学习态度。因此，作为一名建筑室内设计专业的学生，必须培养自己随时查阅资料的习惯，这是室内设计师一生受用不尽的财富。

对于初学建筑室内设计专业的人，在学习过程中应尽可能做到多看、多问、多记，学会利用空暇时间，做单独的考察与访问，这也是快速提高自身设计能力的一条途径。

四、多种途径的学习

室内设计学科的综合性决定了其专业知识、技能与理论的积累是一个长期的过程。一名优秀的室内设计师的造就、一件高品位的室内设计作品的产生，绝不是偶然的现象，因为机会总是留给有准备的人。作为每一位立志要成就一番事业的学子们，更要将眼光放得长远一些，建立长期学习的信念，不可急于求成，贪图眼前利益，只重技能而忽视了对专业理论的认识和研究。其实，学校课堂的专业学习只是众多学习方式中的一种，要不断提高自己的专业理论和艺术修养，还有以下多种方式和途径。

（一）向历史学习

历史是人类的过去。设计史、建筑与室内设计发展史告诉我们有关人类在建筑与室内专业领域里的发展情况。过去与现在以及将来，其实是不可分割的整体。同是人类，过去的人与现在的人在思想与情感等许多方面都有相似的地方。我们可以从中了解过去的人在一种怎样的条件下对自己的生存空间环境做出选择和安排，从而以历史的眼光来审视今天的做法是否恰当。古人说“温故而知新”，历史是一位好老师，它对我们的启发是多方面和综合性的，在历史中可以发现今天，并预见未来。

历史还为我们留下大量经典的作品，这些经典的作品都是某一历史时期的建筑材料和技术、社会文化意识的集中反映。同时这些经典作品是历经了漫长的时间所沉淀下来的千锤百炼的传世之作，在造型、比例、尺度等方面形成了一套设计语言和语法规则，有其经典性。对经典作品的学习和研究可以了解不同历史时期的建筑风格和表现手法，从而丰富今天的设计语汇。

（二）向大师学习

所谓大师，是在某一专业领域里有很深的造诣、为大家所尊崇的人。大师是时代的精英人物，其作品是一个时代文化的典型体现。

在文艺复兴以前的西方设计史上，以建筑师个人名义设计的作品几乎是不存在的。文艺复兴以后，人文主义精神所提倡的对人的价值的尊重促使了设计大师的产生，相继涌现出如米开朗基罗、伯鲁乃列斯基、伯拉孟特、帕拉第奥等璀璨明星，他们的作品在学习、继承前人成绩的基础上，又有自己的风格特色，为后人留下了许多经典的作品。从此以后，在西方建筑设计史的每一个历史时期都会有大师的出现，特别是到了近现代，现代主义建筑运动从产生到形成再到发展的整个历史时期，几乎就是一部由大师的作品、言论观点及著作所构成的历史。格罗皮乌斯、密斯、柯布西耶、赖特被尊为现代建筑运动的第一代大师，阿尔瓦·阿尔托、路易·康、贝聿铭等被称为第二代现代主义大师，随之以后出现的各种流派和风格也与大师的名字息息相关，他们都有极其鲜明的个人观点和风格特色。

在我国古代，建筑行业被视为工匠行业，建筑师与工匠一样是没有什么社会地位的，更难说有什么建筑师的名称能够流芳百世。近代以后，国门被打开，我国开始接受西方文化，西方近现代建筑技术及思想开始渗透到我国，国人也相继到西方接受先进的现代建筑教育。随着时代的发展，我国有了自己的可称得上是大师的人物，梁思成、刘敦桢、杨廷宝、童寯等就是其中的杰出代表。而在当代，还出现了吴良镛、马国馨、张锦秋等杰出建筑大师，他们的作品同样是当代我国建筑发展情况的集中体现。

研读大师的作品、体会大师的观点和言论无疑对年轻的设计师有很多帮助。第一，大师的作品是风格成熟的作品，成熟的作品自然在构造方式、造型处理、材料运用、审美意识上有其突出的表现；第二，大师的作品具有极强的时代风格，研读这些作品，可以以一当十地抓住这类作品的要点；第三，大师的言论具有精辟性，是对他们作品的极好诠释，可以帮助我们提高对其作品的理性认识。

大师是我们专业学习上的榜样，在一个人成长的道路上，在年轻设计师世界观和设计观逐步形成的过程中，无疑需要这样的榜样。

（三）在实践中学习

在实践中能学到很多生动的、在书本和课堂上所无法传授的知识和技能。任何理论都是在实践中总结出来的，这就需要学生在学习的过程中认真、刻苦、钻研。室内设计是一门实践性很强的学科，任何设计方案都必须拿到实际环境中接受施工技术和条件的检验。因此，初学者和年轻的设计师们需要大量的实践，并在实践中不断积累经验，磨炼自己。

1.室内空间尺度的临场感受

学习室内设计当然要从书本上学起，要通过图面表达、文字表达以及其他表现媒体来表达设计的思想。但是初学者并不能意识到图面上所表示的各种形式规律，不了解真正把它用在工程实践上会产生什么样的效果。这就是我们所说的临场经验——画出来好并不等于做出来好。以住宅空间为例，目前大部分的住宅建筑层高都在2800mm左右，在这种高度的空间中设计一个吊棚造型，厚度的控制显得十分重要。在建筑设计中，100mm或200mm显得并不是很重要，但是在普通住宅的空间高度上200mm的吊棚对空间感受有着决定性的影响。在100mm的吊棚厚度之间，每差10mm就要进行一次细微的造型变化，这都会产生不同的视觉效果。类似的空间尺度问题对于室内设计的初学者来讲，是必须在工程实践中去摸索、领悟其中细腻和奥妙之处的。

2.动态视觉与静止画面的差异

不论是二维的平面图表现还是三维的立体图表现，它们与实际工程的现场观看都有着相当大的差别。因为在实际工程当中，人们观看室内空间的角度是动态的，即使观赏者站在一个固定的位置上，他的眼球也在不停地上下和左右移动，或者是转动头部从一个大的视野范围内观看室内空间效果。他既要看到天棚，也要看到地面，还要左右顾及墙面及室内各种陈设和物品。因此在设计时对现场的、直接的、真三维的观察才是创作灵感的真正体会。从图纸上很难全方位地了解创作目标的完整性和相互连带关系。这就要求设计师必须从实践中去学习和掌握全方位、全角度创作室内空间的技巧和能力。

3.真实场景中的材料感受

对装饰材料的设计从书本上和图片上是很难把握其真实效果的。比如说，一小块大理石的样品放在桌子上看和贴到墙面上看，视觉感受可能会完全不同，天然的纹理必须在一定的距离、一定的面积上观看才能把握它的真实肌理效果；另外，天然材料的纹理并不像人造材料那样均匀，设计时一定要考虑材料接缝时会出现的纹理错落和搭配不合理现象；再如，两块外貌相似的天然材料仍会存在微妙的颜色差距（色差）；一种粗糙的材料一定要放在现场直接观看，才能正确地评价和肯定这种材料是否恰当，这种实践是一个成熟设计师必然要经过的阶段。

（四）在生活中学习

室内设计是改善我们的生存环境，优化我们建筑的内部空间，创造更加舒适、合理的生活方式的一种有效手段。因此，从本质上来讲，室内设计是一门生活的艺术。生活为室内设计师提供了取之不尽用之不竭的源泉，学习生活、研究生活是室内设计的必修课程。

室内设计师应是一个热爱生活的人，需要以极大的热情投入到现实生活中去。人是生活的主体，设计更需要以人为本。因此，研究人、研究人的行为、研究人的喜怒哀乐，研究不同人的生活态度、价值观和生活方式，这些都构成了研究生活的重要部分。对生活了解得越多、对人及其行为观察得越细致、对人及生存的社会环境认识得越深刻，就越能够在设计中加以全面的分析和阐释。

设计师的个人阅历也是一种生活的积累，生活阅历越多，生活经验越丰富，在设计中就越能够有较好的发挥。总之，生活是一个极其宽泛的概念，室内设计师首先要懂得生活，才能懂得设计，才能懂得怎样为生活而设计。

建筑室内设计专业的学习过程是紧张而又丰富多彩的。资料的积累、设计方法的研究、表现技巧的训练是无法以突击式的手段来完成的。唯一的方法是拳不离手、曲不离口、实践再实践。画图则是从事室内设计学习主要的技术手段，它将我们所看到的、感悟到的、设想到的一切都用“图式语言”用图形表现出来，学生只有勤于画图，养成良好的职业习惯，才会有一个良好的学习开端。

学习室内设计要按室内设计内容所要求的那样，明确学习的目的、学习的内容和学习的要求，同时要勤奋好学、踏踏实实、孜孜不倦。

我们知道：室内设计是一个知识覆盖面较大的学科，学习起来必然会有一定的困难。所以，学习方法是非常重要的，也是值得研究的。

我们已经探讨了室内设计的一些基本问题以及设计师应具备的知识与意识。“意识”的培养是至关重要的，要想取得真正的进步，有意义地改变社会，达到富有个人创造性的专业领域的目标，需要学生具备高度的社会与自我意识。不仅如此，他们还需要对设计的学习过程具有主动的认知意识。也就是说，学生们不仅要掌握技能、努力学习，还必须要对自身的发展进程有积极主动的认识与掌控，其中自然包括了使自身的设计知识面不断积累不断充实的过程。

最后，我们引用褚冬竹在《开始设计》结尾的一段话作为本部分内容的结尾，并以此共勉。

这是印度建筑大师查尔斯·柯里亚（Charles Correa）在名为“向Ekalavya学习”一文中提到的一个古老传说：

年轻的王子Arjun是伟大婆罗门神箭手Dhrona的学生，也是全国最好的弓箭手。一天，当Arjun和他的兄弟在树林中嬉戏，被一只狗的狂吠所打扰。正当王子考虑如何才能让这只狗住嘴时，一支箭从树丛中射出，穿过狗的牙齿——以一种不可思议的方式停止了狗叫，却没有伤到狗半分。王子十分震惊。这显然是一位伟大的弓箭手的杰作，而且是一位技巧远胜于自己的弓箭手……但他会是谁呢?

最终，他们找到了他——一个名叫Ekalavya的皮肤黝黑的年轻人，“谁传授给你这样的技艺？”他们惊奇地问。“我的老师是伟大的Dhrona”，年轻人答道。“但你只是个贱民！”Arjun叫到，“一位婆罗门怎么可能收这样一个学生？”“我当然不敢去打扰尊贵的老师，”年轻人说，“但我塑了一尊他小小的雕像。每天我去森林的时候，我把它放在附近的树前——当练习射箭时，我对自己说，伟大的Dhrona在看着我。”……

人生的路很长，设计师的路很长，每个人脚下的路都是有不同的。

但真正能够引领我们走下去的力量，还是在我们自己的心里。

思考与练习

思考题目：根据自己目前完成项目任务情况，思考并分析自己从事居住空间室内设计还欠缺哪些知识和技能。

训练题目：扫描二维码，欣赏五个典型设计案例，与他人共同讨论，分析案例中运用的理论知识，并从空间构成、设计风格、人体工程学应用、行为与心理满足、功能设计等五个方面制作分析表格，最终完成学习心得。

1. 85m² 原木系小两居

2. 75m² 两室变三室

3. 94m² 老房爆改

4. 137m² 简约风

5. 124m² 三室两厅小轻奢

参考文献

[1] 来增祥，陆震纬. 室内设计原理[M]. 北京：中国建筑工业出版社，1996.
[2] 建筑、园林、城市规划编委会. 中国大百科全书[M]. 北京：中国大百科全书出版社，1988.
[3] 卢安·尼森，雷·福克纳，萨拉·福克纳，等. 美国室内设计通用教材[M]. 陈德民，陈青，王勇，等译. 上海：上海人民美术出版社，2004.
[4] 贝蒂·艾德华. 像艺术家一样思考[M]. 张索娃，译. 海口：海南出版社，2004.
[5] 李向东，卢双盈. 职业教育新编[M]. 北京：高等教育出版社，2005.
[6] 詹妮·吉布斯. 室内设计培训教程[M]. 陈德民，等译. 上海：上海人民美术出版社，2006.
[7] 褚冬竹. 开始设计[M]. 北京：机械工业出版社，2007.
[8] 劳动和社会保障部教材办公室. 室内设计[M]. 北京：中国劳动社会保障出版社，2006.
[9] 王毅，卢崇高，季跃东. 高等职业教育理论探索与实践[M]. 南京：东南大学出版社，2005.
[10] 曾坚，丁琦. 室内设计新趋势[M]. 南京：东南大学出版社，2003.
[11] Mary V. Knackstedt. 室内设计商业手册[M]. 吴棱，曹文，译. 北京：机械工业出版社，2005.
[12] 张绮曼，郑曙旸. 室内设计资料集[M]. 北京：中国建筑工业出版社，1991.
[13] 刘盛璜. 人体工程学与室内设计[M]. 北京：中国建筑工业出版社，1997.
[14] 徐磊青，杨公侠. 环境心理学[M]. 上海：同济大学出版社，2002.
[15] Julius Panero and Martin Zelnik. 人体尺度与室内空间[M]. 龚锦，译. 天津：天津科学技术出版社，1990.
[16] 冯信群，陈波. 住宅室内空间设计艺术[M]. 南昌：江西美术出版社，2002.
[17] 高桥鹰志+EBS组. 环境行为与空间设计[M]. 陶新中，译. 北京：中国建筑工业出版社，2006.
[18] 常怀生. 环境心理学与室内设计[M]. 北京：中国建筑工业出版社，2000.
[19] 郑成标. 室内设计师专业实践手册[M]. 北京：中国计划出版社，2005.
[20] 徐磊青. 人体工程学与环境行为学[M]. 北京：中国建筑工业出版社，2006.
[21] 广州市唐艺文化传播有限公司. 居无止境[M]. 武汉：华中科技大学出版社，2012.
[22] 北京古典博图文化传播有限公司. 室内方案经典[M]. 武汉：华中科技大学出版社，2012.
[23] ID Book工作室. 定制新古典·别墅[M]. 武汉：华中科技大学出版社，2012.
[24] 深圳市智美精品文化传播有限公司. 私享·私宅：高品位住宅设计[M]. 武汉：华中科技大学出版社，2012.

[25] 广州市唐艺文化传播有限公司. 国际风格软装[M]. 长沙：湖南美术出版社，2012.

[26] 大卫·李维特. 住宅设计手册：优秀实践指南[M]. 袁海贝贝，等译. 大连：大连理工大学出版社，2013.

[27] 凤凰空间·北京. 世界室内设计：居住空间[M]. 南京：江苏人民出版社，2012.

[28]《设计家》. 2012全球室内设计年鉴：居住空间卷[M]. 桂林：广西师范大学出版社，2013.

[29] 国家技术监督局. 中国成年人人体尺寸（GB/T 10000—1988）[M]. 北京：中国标准出版社，1989.